No.150

オームの法則/はんだ付けからプリント基板/測定まで

実験が動きだす！
電子回路セミナ・ムービ140

CQ出版社

トランジスタ技術SPECIAL

No.150

CONTENTS

表紙／扉デザイン：ナカヤ デザインスタジオ（柴田 幸男）
本文イラスト：神崎 真理子

▶ 本書は，「トランジスタ技術」に掲載された記事を再編集したものです．初出誌は各記事の稿末に掲載してあります．

付属 DVD-ROM の使い方

■ 第1部 入門編

第1章 電気・電子 教科書コース

› 山田 一夫；オームの法則
A-01 シミュレーション オームの法則①回路シミュレーションで確認.mp4
　　(1:33)
A-02 シミュレーション オームの法則②LEDに付ける制限抵抗.mp4　(3:48)
A-03 講義 オームの法則説明1.mp4　(1:39)
A-04 講義 オームの法則説明2.mp4　(0:56)

› 山田 一夫；キルヒホッフの法則
A-05 シミュレーション キルヒホッフの法則①電流則のシミュレーション.mp4
　　(2:18)
A-06 シミュレーション キルヒホッフの法則②電圧則のシミュレーション.mp4
　　(3:02)
A-07 講義 キルヒホッフの法則説明①電流則.mp4　(2:01)
A-08 講義 キルヒホッフの法則説明②電圧則.mp4　(2:42)

› エンヤ ヒロカズ；抵抗の定格電力
A-09 実験 抵抗の定格電力①準備.mp4　(1:16)
A-10 実験 抵抗の定格電力②サーモグラフィによる観察.mp4　(0:47)

› 山田 一夫；コンデンサのふるまい
A-11 シミュレーション コンデンサと抵抗でフィルタを作る.mp4　(3:23)
A-12 シミュレーション コンデンサの充電のシミュレーション.mp4　(1:20)

› 添谷 正義
A-19 実験 抵抗とインピーダンスの違い.mp4　(3:10)

第2章 半導体素子/アナログ回路の基本

第3章 マイコン/ディジタル回路の基本

第4章 製作実習の基本

第5章 測定器やプローブの使い方

■ 第2部 実践編

第6章 試して納得！ アナログ回路の大実験

第7章 基板設計/製造とノイズ対策の基本

第8章 RF/高速ディジタル回路の基本

第9章 電源回路とワイヤレス給電

第10章 パワー半導体の放熱計算とチップ部品のプリント基板放熱術

■ 第3部 応用編

第11章 センサ応用

第12章 24ビットA-D変換回路の誤差/ノイズ対策

> パソコンに DVD を挿入し，index.htm を起動すると，このメニュー画面が開く

> この十字マークをクリックすると，収録されている動画が一覧表示される

> DVD 番号

> ここをクリックすると動画を見ることができる

サイエンス実験！
はんだ付け技も
アニメーションも

※本DVD-ROMはパソコンでお使いください．家庭用DVDプレーヤには対応していません．
※本DVD-ROMはWindowsで動作を確認しています．
※収録されている動画を閲覧するには，MP4ファイルを再生できる環境が必要です．パソコン上の
　Google ChromeやMicrosoft EdgeなどのWebブラウザ，またはWindows Media Playerなどのアプリ
　ケーションがあれば再生できます．
※収録されているコンテンツには，インターネット接続環境を必要とするものがあります．
※本DVD-ROMに収録してあるプログラムやデータ，ドキュメントには著作権があり，また産業財産権
　が確立されている場合があります．したがって，個人で利用される場合以外は，所有者の承諾が必要
　です．また，収録された回路，技術，プログラム，データを利用して生じたトラブルに関しては，著
　作権者ならびにCQ出版株式会社は一切の責任を負いかねますので，ご了承ください．

Introduction　本書で学べるカリキュラム&講師一覧

入門編

(1) 電気・電子 教科書コース
Keyword：オームの法則，キルヒホッフの法則，抵抗／コイル／コンデンサ

(2) 半導体素子／アナログ回路の基本
Keyword：OPアンプ，ダイオード，トランジスタ，部品選定，データシートの読み方

(3) マイコン／ディジタル回路の基本
Keyword：プルアップ抵抗，I²C，SPI，インバータ，フリップフロップ

(4) 製作実習の基本
Keyword：回路図，実体配線図，ブレッドボード，はんだ付け

(5) 測定器やプローブの使い方
Keyword：ディジタル・マルチメータ，オシロスコープ，プローブ，グラウンド

実践編

(6) 試して納得！ アナログ回路の大実験
Keyword：発振回路，位相余裕，計測回路の抵抗選定，負帰還

(7) 基板設計／製造とノイズ対策の基本
Keyword：共通インピーダンス，パスコン，シールド，クロストーク，基板の製造工程

(8) RF／高速ディジタル回路の基本
Keyword：インピーダンス・マッチング，電磁界解析，放射ノイズ，リターン電流

(9) 電源回路とワイヤレス給電
Keyword：3端子レギュレータ，スイッチング電源，ワイヤレス給電，コモン・モード・ノイズ

(10) 放熱計算とプリント基板放熱術
Keyword：熱抵抗，熱シミュレーション，自然冷却，強制冷却

フレッシュマンの先生

部材の信頼性などを考慮したシステムの開発設計

コネクタ屋さん

Gbps超の高速ディジタル伝送とフリーウェア探しが得意

お困りごと何でも解決

モータ制御でも基板作りでも依頼に合わせて工夫をこらす

パワエレ技術の伝道師

充電器やスイッチング電源開発に携わり33年

九州の発明王

アナログからディジタルまで何でもこなす

メーカ仕込みの本格カメラ・マニア

カメラ，画像処理が得意．音関係も好き

クリスタル・プロフェッショナル

水晶発振回路設計FAEに25年間従事した生涯水晶屋

電源の鬼

防衛，産業から民生向けまで電源開発40年

孤高のマトリクス

RF系の電磁界シミュレータ開発に浸る

アンテナ博士

マクスウェルと友達に！がライフワーク

応用編

(11)センサ応用

Keyword：ひずみゲージ，生体信号計測，ノイズ・シールド

(12)24ビットA-D変換回路の誤差/ノイズ対策

Keyword：高精度A-Dコンバータ，シールド，前置増幅回路，フィルタ，バッファ・アンプ

電子回路の基本を学びたい/学び直したいと思ったとき，皆さんはどこから情報を得るでしょうか？

電子回路や電子技術の教科書や専門書を読んだり，メーカなどが公開している技術情報をインターネットで参照するのも手です．ただし，「百聞は一見にしかず」のことわざの通り，技術に明るい先達に「やって見せてもらう」のが，技術を習得する早道です．

本書では，専門分野を極めてきた匠たちが，実験やシミュレーションを交えながら，電子回路作りの基本技術を解説します．電子回路実験や解説の動画を付属DVD-ROMに収録しています．匠の技を，いつでも何度でも体験できます．〈編集部〉

私たちが電子回路作りの基本を紹介します

実験プロデューサ

ユニーク実験，ビヘイビア合成記述が好き

電子回路オーケストラ

真空管(300B)を愛するオーディオ回路師

サイエンス実験のファンタジスタ

精密計測回路の設計や信号処理技術好き

人体解析の貴公子

医療機器メーカ経験から生体を探る人生

プリント基板のコーチ

プリント基板業界に携わり46年

アナログ・オールラウンダ

DC〜GHzのアナログ回路をいじくる釣人

A-D変換の伝道師

医療用測定器の設計や半導体応用の技術指導に半世紀

はんだ付けインストラクタ

老舗のはんだこてメーカで日本各地をサポート

アジア・パワー・マネージャ

電源開発に従事しているアジアの事情通

静かな冷却マジシャン

回路シミュレータに興味深々の放熱技術のプロ

アナタの街のRFアドバイザ

無線機などの設計経験40年以上．国内発の無線LANの開発を担当

定量化の魔術師

センサ応用の組み込み機器開発を手広く

ぼくたちのマクスウェル

分析機器メーカでディジタル/RF回路などの設計経験が数十年以上

浪速の電子技術フロンティア

真空管からカーエレ/電子計測の設計まで手広くこなすアナログ屋

ミスター同軸ケーブル

ゲルマ・ラジオに感動．気づけば計測40年

第1章 電気・電子 教科書コース

一番よく使う 回路図読解ツール 「オームの法則」

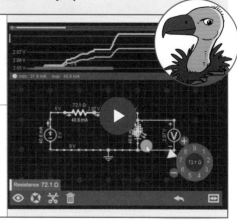

[DVDの見どころ] DVD番号：A-01〜04

- シミュレーション 抵抗値と電流の大きさの関係
- シミュレーション 電流制限抵抗が小さすぎるとLEDが燃える
- 講義 電流と水とオームの法則

〈編集部〉

①「電流I＝電圧V÷抵抗R」のイメージ

電気回路の電流の流れのようすは，水路に対比させることができます．図1はポンプがくみ上げた水槽から流れ出る水流をバルブによって可変させるという水路です．

ポンプと水槽をまとめたものが電池に，水槽の水位が電位差に相当します．

▶水位一定ではバルブの開け方で水流が変化する

コラムで紹介したオームの実験では，図1で水位が一定になるようにポンプを制御しています．その状態ではバルブを開けるほど水流が増えます（図2）．式で表すと次のとおりです．

　　水流＝バルブの開き量×水位

バルブの開き量は抵抗の逆数です．抵抗を使ってこの式を表すと次のとおりです．

　　水流＝(1/抵抗)×水位

▶関係式

回路に流れる電流I［A］を回路に加わる電圧V［V］と抵抗R［Ω］で表すと次のとおりです．

$$I = \frac{V}{R} \cdots\cdots\cdots\cdots\cdots\cdots\cdots (1)$$

②「電圧V＝抵抗R×電流I」のイメージ

▶バルブの開閉（抵抗値）で水流量が変わる

図1で水槽に入る水流が一定になるようにポンプが制御されているときを考えてみます．そのとき，水路途中のバルブを広げると，水流量が多くなり，水位が下がります．バルブを絞ると，水流量が少なくなり，水位が上がります．バルブを開閉したときの状態を抵抗と考えると，その水位は次式で表せます．

　　水位＝水流×抵抗

▶関係式

電圧を電流と抵抗の関係式で表します．抵抗に加わる電位差がV［V］のとき，そこに流れる電流I［A］を掛け合わせた式になります．

$$V = RI \cdots\cdots\cdots\cdots\cdots\cdots\cdots (2)$$

式(2)の比例定数Rは，回路電流の流れにくさを表します．

● 抵抗の電気伝導度で表す場合もある

式(2)の比例定数$1/R$を$G = 1/R$として式で表すと，次式になります．

$$I = GV \cdots\cdots\cdots\cdots\cdots\cdots\cdots (3)$$

比例係数$G = 1/R$は電気伝導度，またはコンダクタ

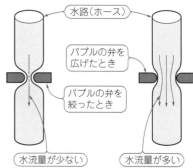

水位＝水流×抵抗（水位が変わっても水流量が変わらない条件）
水流＝水位/抵抗（水流量が変わっても水位が変わらない条件）

図1 オームの法則は水の流れで理解できる
ポンプと水槽のセットは電池，水位は電位差，水流は電流，バルブは抵抗に相当する

（a）バルブを絞ったときは抵抗が大きいことに相当　（b）バルブを広げたときは抵抗が小さいことに相当

図2 水路をバルブで絞るようすは抵抗で電流が変化する現象に相当する

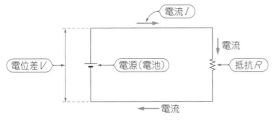

$$V = IR$$

電位差＝電流×抵抗（電位差が変わっても
電流が変わらない条件）

$$I = V/R$$

電流＝電位差/抵抗（電流が変わっても電位
差が変わらない条件）

図3 オームの法則を確認するための例題回路
電圧を一定にした状態で，抵抗を可変し電流の大きさを確認する

ンスと呼ばれます．コンダクタンスの単位はジーメンス〔S〕です．コンダクタンスは金属の電気伝導度を表すときやキルヒホッフの法則を電子回路シミュレータに適用するときなどに活用されます．

● 百聞は一見にしかず！アニメーション電子回路シミュレータ EveryCircuit

図3は電池と抵抗からなるシンプルな例題回路です．EveryCircuitは，回路のふるまいや電流の流れをアニメーションで確認できる電子回路シミュレータです．パソコン上のWebブラウザ（Google Chrome）やスマートフォンで動作します．図4は，EveryCircuitでオームの法則の関係式を確認しているところです．EveryCiruit内の線路上に流れる点は電流の動きを表してい

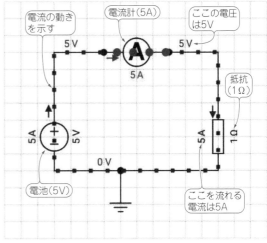

図4 付録DVDに動画あり！5Ωの抵抗に5Vの電圧を加えたときの電流の流れを電子回路シミュレータEveryCircuitで確認してみた
$I = V/R$より電流は1Aになっている

ます．電流量によって点の移動の速さが変わります．

図4に示す電池が5Vで抵抗が5Ωならば，回路に流れる電流Iは式(1)より$I = 1$A（$= 5/5$）です．

抵抗を1Ωにすると，電流Iは5Aとなり，5Ωのときの5倍になります．抵抗を10Ωにすると$I = 0.5$A（$= 5/10$）となり，5Ωのときの1/2倍になります．

電池の電圧が一定のとき，抵抗と電流の間には逆比例の関係があります． 〈山田 一夫〉

（初出：「トランジスタ技術」2018年4月号）

ゲオルク・オームはこうやってオームの法則を発見した　　　　Column 1

1826年にドイツの物理学者ゲオルク・オームが発見・発表したことからオームの法則と呼ばれています．実際には，1781年に英国の物理学者キャベンディッシュが発見していましたが，彼の他の多くの未公開の研究結果とともに公開されたのは1879年でした．

この法則の名前は，オームのままとされており，抵抗の単位もオームの名前が付けられています．

図Aにオームが行ったシンプルな実験を示します．オームは電圧一定の条件で実験しています．

当時の電源はボルタ電池で，内部抵抗が大きく，電流を回路に流すと電源の電圧が大きく低下するため，電流と抵抗と電圧の関係は簡単には求まりませんでした．そこで，異種金属の接合点は温度によって起電力が異なる現象を利用し，一方の接合点を0℃，他方の接合点を100℃にして内部抵抗の小さい電源を作り，実験を行いました．計測は磁石の針を

回路銅線に近づけて置き，電流によって，針が回転する角度を読み取って回路電流を測りました．

〈山田 一夫〉

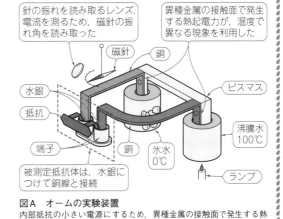

図A オームの実験装置
内部抵抗の小さい電源にするため，異種金属の接触面で発生する熱起電力が温度で異なる現象を利用する

オームの法則では解けない回路網の読解ツール「キルヒホッフの法則」

[DVDの見どころ] DVD番号：A-05〜08

- シミュレーション 抵抗3本の回路網の電流メカニズムを解析
- シミュレーション キルヒホッフの2法則で回路網の電流メカニズムを解析
- 講義 水と電流とキルヒホッフの法則 〈編集部〉

● キルヒホッフの法則は2つある…「電流則」と「電圧則」

キルヒホッフの法則とは，オームの法則を複雑な回路網でも適用できるように一般化したものです．

任意の節点に流れ込む電流の総和についての法則はキルヒホッフの電流則です．任意の閉路の電圧の総和についての法則はキルヒホッフの電圧則と呼びます．これらの法則は線形回路でも非線形回路でも成り立つ法則で，電気工学で広く用いられています．

コンデンサやコイルなども取り込んだ複素数表現に拡張され交流回路にも応用されています．電子回路シミュレータの基本計算は，複素数化したキルヒホッフの法則を基にしています．

● キルヒホフ氏が発見

この法則は1845年ドイツの物理学者キルヒホフ（Kirchhoff）がまとめました．ドイツではhoffはホフと発音されるので，発見者の名前はキルヒホフとするのが一般的です．この法則の日本での名称は「キルヒホッフの法則」とするのが正式とされています．

オームの法則（1826年発表）もキルヒホッフの電流則・電圧則も，ともにマクスウェルの方程式（1864年発表）で直流の条件から求まります．キルヒホフはマクスウェルに先行してオームの法則を一般化したといえます．

● キルヒホッフの電流則

「電気回路の任意の節点に流れ込む電流の総和は0 Aである」という法則です．節点（ノード）法則やKCL（Kirchhoff's Current Law）とも呼ばれます．

▶回路網で考えてみる

図1に示す回路網内の節点P_1で考えます．この節点につながる線路W_1に流れる電流をI_1，W_2に流れる電流をI_2，W_3に流れる電流をI_3とすると，$I_1 = I_2 + I_3$から総和は0 Aとなります．

$$I_1 - I_2 - I_3 = 0 \text{ A}$$

この関係はP_2についても成り立ちます．電流の方向はループ内で一定の方向に設定していれば，実際に流れる方向と逆に設定していても，初めの方向と逆に電流が流れていることになります．

この法則は「電気回路の任意の節点に流れ込む電流の総和は流れ出る電流の総和と等しい」とも言え，電流保存の法則とも呼ばれます．電気回路の任意の節点について流れ込む向きを正（または負）と統一すると，各線の電流Iの総和は0です．

「流れ込む電流と流れ出す電流の和は0である」と「流れ込む電流の和と流れ出る電流の和の大きさは等しい」は符号を統一するかしないかの違いであり，両者は等価です．

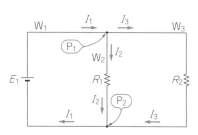

図1 キルヒホッフの電流則
節点に流れ込む電流に正，流れ出す電流に負の符号をつける．任意の節点での電流の総和は0 Aである．P_1で$I_1 - I_2 - I_3 = 0$ A

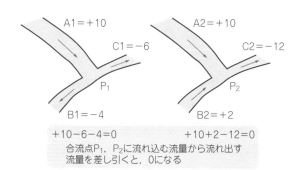

+10−6−4=0 +10+2−12=0
合流点P_1，P_2に流れ込む流量から流れ出す流量を差し引くと，0になる

図2 キルヒホッフの電流則は合流する水路で理解できる
流れ込む方に正，流れ出す方に負の符号をつけると1つの節点に流れ込む電流の総和は0 Aである

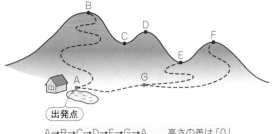

図3 キルヒホッフの電圧則は登山ルートにたとえられる
どの経路をとっても出発点に戻ってくると高さの差は0である

A→B→C→D→E→G→A　高さの差は「0」
G→E→F→G　高さの差は「0」

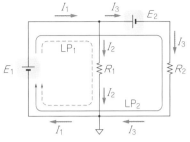

図4 キルヒホッフの電圧則
任意の経路で一周するループについて電圧を足し引きしていき，一周すると電位差は0Vとなる．経路途中に電池があるときは，電池の方向に応じて電圧を加算，または減算する

▶水流で考えてみる

キルヒホッフの電流則は，**図2**に示す水流と同じように考えることができます．流れ込む水量と流れ出す水量は同じです．流れ込む水量に正符号，流れ出す水量に負の符号をつけると，分岐点では流れの総和が0になり，キルヒホッフの電流則と同じになります．

● キルヒホッフの電圧則

「電気回路に任意のループを設定して電圧の向きを一方向に取ったとき，そのループに沿った各素子の電圧Vの総和は0になる」という法則です．ループ法則，閉路法則やKVL（Kirchhoff's Voltage Law）とも呼ばれます．

図3に登山ルートの例を示します．A点を出発してその後B，C，D，E，Gと登り，下りを経て元のA点まで戻ると差し引き標高差は0となります．

図4の電気回路の場合でも，同じようにグラウンド点を基準にLP$_1$の経路で考えるとE_1で電圧が上昇します．R_1に流れる電流I_2により，$E_1(=R_1I_2)$の電圧降下が発生するので，一周後は電位差が0Vです．

LP$_2$のループでは電池が入っていますが，同じようにループを1周すると電位差は0Vになります．

● シミュレータで電流の流れを見ながら答え合わせ

電子回路シミュレータEveryCircuitでキルヒホッフの電流法則が成り立つようすを見てみます．

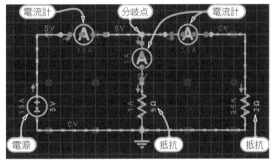

図5 付録DVDに動画あり！ キルヒホッフの電流則が成立していることをアニメーション・シミュレータ EveryCircuit で確認
中央分岐経路の抵抗5Ω，右側分岐経路の抵抗2Ωのとき，分岐点に流れ込む電流は3.5A，流れ出す電流は1Aで同じになっている

図5に示す回路の左端は電源で5Vに設定しています．中央の経路に5Ω，右側に2Ωがついています．5Ωには1A，2Ωには2.5Aが流れています．これは電源からの電流3.5Aと釣り合っています．

図5に示す中央の抵抗を2Ωに変えると，各抵抗に流れる電流は2.5Aずつになります．電源からの電流は5Aになり，それぞれの抵抗に流れる電流の和5A（＝2.5A＋2.5A）と同じになります．この結果から，回路の分岐点で流れ込む電流と流れ出す電流が等しいということがわかります．　　　　〈山田 一夫〉

（初出：「トランジスタ技術」2018年4月号）

キルヒホッフの法則がベースになっている！ SPICEシミュレータの計算のしくみ

Column 2

LTspiceのようなSPICE系の回路シミュレータでは，与えられた回路について節点方程式という連立方程式を自動的に作成しています．

回路シミュレータは，回路網内の各節点についてまず基準の節点（グラウンド）からの電位差を自動的に未知数で当てはめます（v_1, v_2,…）．節点間の電流をオームの法則で求めます．各節点の電圧は未知なので，オームの法則だけでは解けません．

点の節点間に電圧源が含まれているときは，ノートンの定理を用いた等価電流源に置き換えます．次に各節点でキルヒホッフの電流則を適用し，連立方程式を立てます．連立方程式を行列にまとめ，各節点についてコンダクタンス（抵抗の逆数）を求めます．これらの情報を節点方程式にまとめ，行列演算を行って，各節点の電圧と節点間の電流を自動的に算出しています．　　　　〈山田 一夫〉

電気・電子
アナログ
ディジタル
製作実習
測定
回路実験
基板・雑音
RF
電源回路
放熱
センサ
高精度A-D

壊れない製品作りの第一歩！抵抗器には定格電力の1/3以上消費させない

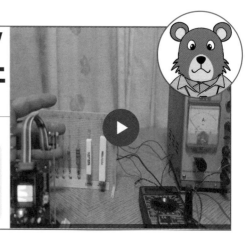

[DVDの見どころ] DVD番号：A−9〜10

- **実験** 定格電力の違う5種類の抵抗器に同じ電力を消費させ，サーモグラフィで5種類の抵抗器の温度を非接触測定
- 計算どおり！定格電力の小さい抵抗器ほど温度が上昇する

〈編集部〉

● ほとんどの導体は抵抗を持っている

物質は大きく分けると電気を流せる「導体」と流せない「絶縁体」，導体と絶縁体の中間に位置する「半導体」に分類できます．導体には電気を流せますが，抵抗という電流を流れにくくする性質を持っています．完全に抵抗がゼロになる物質としては超電導体が知られています．

● 抵抗の種類

抵抗には**写真1**に示すタイプがあります．

▶ 炭素皮膜抵抗

図1に炭素皮膜抵抗の構造を示します．絶縁体(セラミック)に炭素皮膜を形成して，トリミング・ラインで溝を作ることにより抵抗値を調整しています．誤差5%のものが多く流通しています．雑音や周波数の特性は他の抵抗に比べて良くないですが，安価なので電子工作でよく使用されています．

▶ 金属皮膜抵抗

図1に示すように炭素皮膜抵抗と同じ構造です．抵抗体に金属皮膜が使われています．炭素皮膜抵抗と比較して，高精度で誤差1%，雑音などの特性は優れていますが，価格が炭素皮膜の約2倍です．

▶ 巻き線抵抗

抵抗体に金属線を使用したもので，絶縁体の円筒に金属線を巻き付けています．表面は保護のためにコー

ティングされています．**図2**に構造を示します．基本構造は炭素皮膜，金属皮膜と同じで，違うのは金属皮膜の代わりに金属線が使われていることです．構造的にコイルに似ているため，インダクタンスを持つので，交流特性も考慮します．

▶ セメント抵抗

抵抗体をセラミック製のケースに収め，セメントにより封止しています．比較的大電力で使用します．**図3**にセメント抵抗の構造を示します．本図では抵抗体として巻き線を使っています．比較的大きな抵抗値の抵抗体には，酸化金属皮膜が使用されることが多いです．

● 定格電力以上を消費すると焼ける！

抵抗には定格電力があります．抵抗に電圧 V [V] を加えたときに流れる電流を I [A] としたときに，消費される電力 P [W] は次のとおりです．

$$P = VI$$

例えば，5Ωの抵抗に5Vの電圧を加えると，1Aの電流が流れるので，消費電力は5Wです．この消費電力はすべて熱に変わるので，抵抗器は発熱します．定格内であれば問題ありませんが，定格を超えて使用したときは，抵抗器が焼ける恐れがあります．

写真1では異なる定格電力の金属皮膜抵抗がありますが，定格が大きくなるに従い，抵抗器のサイズも

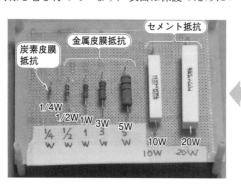

写真1　定格電力の異なる抵抗
抵抗値はすべて同じ値(10Ω)だが定格電力は異なる

見比べる

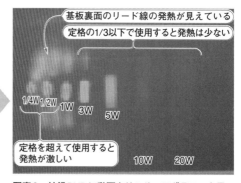

写真2　付録DVDに動画あり！サーモグラフィを用いて観測した発熱状態
抵抗値は10Ωで2.5Vを加えた(消費電力1/4W)

図1　炭素皮膜抵抗の構造
セラミックに抵抗皮膜を形成し，トリミング・ラインで抵抗値を調整する

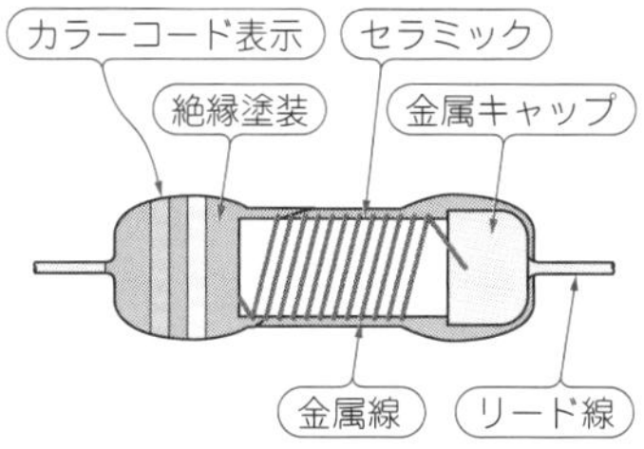

図2　巻き線抵抗の構造
セラミックに抵抗線を巻き付けて，金属線の材質，太さ，長さで抵抗値を調整する

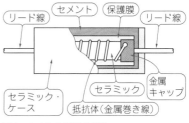

図3　セメント抵抗の構造
抵抗体（図3では巻き線）をセラミック・ケースに入れて，セメントで封止したもの．セラミックに抵抗線を巻き付けて，金属線の材質，太さ，長さで抵抗値を調整する

大きくなっています．

　異なる種類（金属皮膜抵抗と炭素皮膜抵抗）の抵抗は同じ定格電力であれば，ほぼ同じサイズです．

● 電力消費による発熱

　写真1に同じ抵抗値（10Ω）で定格の異なる抵抗を並べたようすを示します．1/4 Wは炭素皮膜抵抗，1/2～5 Wは金属皮膜抵抗，10 W，20 Wはセメント抵抗（巻き線）です．これらの抵抗は並列に接続されており，電源から同じ電圧を加えることにより，同じ電流が流れ，同じ電力を消費します．実際に電流を流して発熱させ，サーモグラフィで撮影した画像を写真2に示し

ます．加える電圧は2.5 Vなので，0.25 Wの消費電力となり，一番定格の小さい1/4 W抵抗の定格ぎりぎりの値です．

　定常的に電力を消費しているために温度は80℃に近い温度を示しています．このまま温度上昇が続くと燃えてしまう可能性もあります．この実験結果からわかるように，連続的に使用するときは，定格での使用は避けます．

　目安としては定格の1/3以下で使用するように，素子選定を行うといいでしょう．　〈エンヤ ヒロカズ〉

（初出：「トランジスタ技術」2018年4月号）

計算値ピッタリの抵抗器は売っていません… 　　　　Column 3

　抵抗の値は1 kΩのようにキリの良い数字ばかりではなく，4.7 kΩや22 kΩのような中途半端な数字のものもあります．抵抗値の数列は，JIS C5063で定義されており，1から10までを等比級数で分割したE系列と呼ばれる数列に準じています．E系列はE3～E192まであり，よく使われるE24系列は1～10の範囲を等比級数（10の24乗根）で分割したもの

です（図B）．

　素子の許容誤差もこのE系列を考慮して定められています．E24系列の場合は許容誤差は±5%で，誤差最大時でも，系列の次の数字を追い越さないようになっています．例として47 kΩの最大取り得る値は49.35 Ωとなり，次の51 kΩよりも低い値になり，順番は維持されます．　〈エンヤ ヒロカズ〉

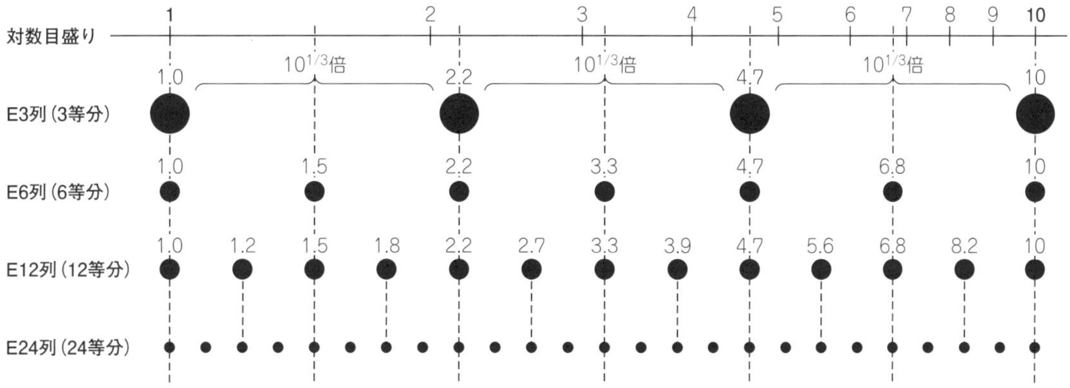

対数目盛り	1			2		3	4	5	6	7	8	9	10
	1.0	10^(1/3)倍		2.2	10^(1/3)倍		4.7		10^(1/3)倍			10	
E3列（3等分）	1.0			2.2				4.7						10
E6列（6等分）	1.0		1.5		2.2	3.3		4.7		6.8				10
E12列（12等分）	1.0	1.2	1.5	1.8	2.2	2.7	3.3	3.9	4.7	5.6	6.8	8.2		10
E24列（24等分）														

図B[(1)]　E系列は1から10までを等比級数で分割したもの

◆引用文献◆
(1) 宮崎 仁：抵抗値はとびとび！都合のいい値はあまりない，トランジスタ技術SPECIAL No.138, p.33, CQ出版社.

電気・電子　アナログ　ディジタル　製作実習　測定　回路実験　基板・雑音　RF　電源回路　放熱　センサ　高精度A-D

抵抗器の次によく使う基本部品「コンデンサ」の基礎知識

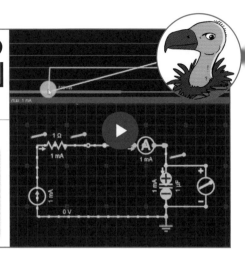

- シミュレーション LPFの周波数特性は抵抗値を変えるとどうなる？
- シミュレーション 電圧を加え始めてからエネルギが満タンになるまで
- 講義 内部の構造と容量の関係
- 講義 容量C，電圧Vの関係　　〈編集部〉

● **容量の大きいコンデンサは電荷をたくさん蓄えることができる**

図1に示すように，接近した2つの金属板が間に絶縁材を挟んで置かれている構造をコンデンサと呼びます．2つの金属板は絶縁シートを挟んで円筒状に巻かれているときもあります．

金属板間に電圧Vを加えたとき，コンデンサ内に蓄えられる電荷量Qは，次式によって求まります．

$$Q = CV \cdots\cdots\cdots\cdots\cdots\cdots\cdots (1)$$

このとき，コンデンサによる比例定数Cが容量です．単位は［F］（ファラッド）です．

コンデンサでは金属板を極板と呼んでいます．式(1)から$V = Q/C$になるので，コンデンサの容量Cが大きいと電荷が多くても電位差が大きくなりません．言い換えると容量が大きいコンデンサでは，同じ電圧（極板間の電位差）で多くの電荷をためることができます．

式(1)から$C = Q/V$になるので，Cは電圧あたりにためられる電荷です．1Vで1C（クーロン）電荷がたまるときの容量が1F（ファラッド）と決められています．

容量Cが一定のコンデンサに電荷（電流）が少しずつ流れ込むと，金属板間の電荷が増えていき，金属板間の電位差は電荷量に比例して増加していきます．

冬場などドアノブなどに手を近づけると放電することがあります．このとき，人間とグラウンド間には数

kVが発生しています．体を動かしたときに発生する静電気の電荷が人体にたまり，大地との間の電位差が大きくなったものです．

● **電極の面積が大きく，電極間の距離が小さいものほど大容量**

図2で示す形状のコンデンサの容量Cは，金属板の面積がS，金属板間の距離がd，金属板間の絶縁体の誘電率がεのとき，次式で表されます．

$$C = \varepsilon \frac{S}{d} \cdots\cdots\cdots\cdots\cdots\cdots (2)$$

式(2)よりコンデンサの容量Cは，極板の面積Sと極板間の絶縁体の誘電率εに比例し，極板距離dに反比例して大きくなります．

式(2)の絶縁体の誘電率εは真空の誘電率ε_0とその絶縁体の誘電率との比である比誘電率ε_rで表し，$\varepsilon = \varepsilon_0 \varepsilon_r$となります．

εは真空であっても有限の値を持つので，極板間が真空でも容量が発生します．金属極板間の絶縁物は誘電体や，分極するような物質を挟まなくともコンデンサが形成されます．高周波回路では，誘電体を挟まないコンデンサが使われることがあります．

● **電極間距離が小さい大容量のものほど高耐圧化しにくい**

図3に示すコンデンサの極板間の電界Eは極板間の

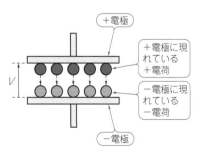

図1　コンデンサに溜まる電荷と容量
極板間の電位差は容量の逆数に比例し電荷量に比例している

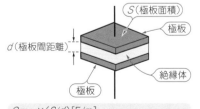

$C = \varepsilon \times (S/d)$ [F/m]
誘電率 $\varepsilon = \varepsilon_r \times \varepsilon_0$
ε_r：絶縁材の比誘電率，ε_0：真空の誘電率

図2　コンデンサの形状と絶縁体の誘電率で容量が決まる
容量は極板面積に比例し極板間距離に反比例する

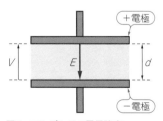

図3　コンデンサの電界強度
極板間の電位差が同じVでも極板間の距離dが狭いとコンデンサ内部の電界は強くなる．形状が同じとき，誘電率の大きい絶縁材を使うと電界強度は下がる

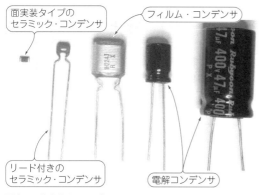

面実装タイプの
セラミック・コンデンサ

フィルム・コンデンサ

リード付きの
セラミック・コンデンサ

電解コンデンサ

写真1　代表的なコンデンサの例

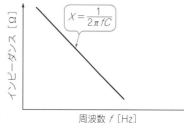

$$X = \frac{1}{2 \pi fC}$$

インピーダンス [Ω]

周波数 f [Hz]

図4　理想のコンデンサのインピーダンス周波数特性

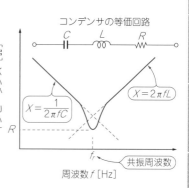

コンデンサの等価回路

C と L で共振する周波数以下ではコンデンサとして働き，周波数上昇にともなってインピーダンスが下がっていく．共振周波数以上ではインダクタンスとして動作し，周波数上昇に伴ってインピーダンスが大きくなる

図5　実際のコンデンサのインピーダンス周波数特性

$$X = \frac{1}{2 \pi fC}$$

$$X = 2 \pi fL$$

R

インピーダンス [Ω]

共振周波数

周波数 f [Hz]

電位差 V を極板間の距離 d で割った値になります．

$$E = \frac{V}{d} \cdots\cdots\cdots\cdots\cdots\cdots\cdots\cdots (3)$$

　誘電体の誘電率が同じとき，コンデンサ内の電界強度 [V/m] は極板間の距離に逆比例し，極板間の電位差に比例します．コンデンサの容量を増やすために極板間の距離を狭くすると電界強度が高くなります．コンデンサの耐圧は，極板間の電界強度に大きく影響を受けるので，極板面積が同じコンデンサで，容量が大きいほど，耐電圧は低くなる傾向になります．

　式(1)と式(2)より $V = Q/C = Q \times d/(\varepsilon S)$ なので，これを式(3)に代入すると，$E = Q/(\varepsilon S)$ です．

　形状が同じとき，誘電率 ε の大きい絶縁材を使うと電界強度は下がります．kVクラスの高電圧回路で放電が起きるときに，その箇所に高誘電率材を入れると放電が収まることがありますが，この理由によります．

● 用途によって種類を使い分ける

　コンデンサは受動電気部品の中で抵抗と並んで非常に重要な部品です．写真1に代表的なコンデンサのタイプを示します．

　低周波大容量では，アルミ電解コンデンサなどが使われます．アルミ電解コンデンサは薄いアルミはくの表面をさらにエッチングして表面積を増やし，電解液を塗って化学的に容量を増やしています．

　極性があり，逆に接続すると破裂することがあります．大容量が得られますが，周波数特性は良くないです．電源回路などに使われます．

　誘電体にセラミックを使い，極板とセラミックを何層にも重ねた積層セラミック・コンデンサが最近広く使われています．数mmのサイズで数 μF までのものが安価に入手できます．

　プラスチック・フィルムに金属を蒸着させて，電極としてそれを巻いて作るフィルム・コンデンサがあります．極板が長くなるので周波数特性はあまり良くないですが，極性がないのと電解コンデンサに比べノイ

ズが少ないことや容量値を高精度に作れることなどから，低周波のフィルタ回路などに使われます．

● 高周波ではコンデンサらしさを失う

　容量 C のコンデンサは周波数によってインピーダンス(電気の通しにくさ)が変化します．損失がないコンデンサではリアクタンス分 X は虚数部だけで，次式で表されます．

$$X = \frac{1}{2 \pi fC} \cdots\cdots\cdots\cdots\cdots\cdots\cdots (4)$$

　図4は周波数を横軸にとって X を示したものです．式(4)と図4からわかるように X は周波数に反比例するので，高い周波数ほど小さくなって電気を通しやすくなります．容量 C にも反比例するので，容量が大きいほど電気を通しやすくなります．この性質を使って，高い周波数のノイズ分をグラウンドに流して回路出力に出さないようにするフィルタ回路に使われます．

　図4では高い周波数ほど X が小さくなっています．実際のコンデンサではインダクタンス分があるので，図5で示すようにある周波数で傾きが反転します．周波数が上がるほど X は大きくなります．この特性はコンデンサに含まれるインダクタンスの周波数特性です．図5に示すコンデンサの等価回路の抵抗分は ESR（Equivalent Series Resistance）と呼ばれます．実際のコンデンサでは，ESR は周波数によって変化するので，一定ではありません．容量値も高周波領域では異なります．数十MHz以上の高い周波数で利用するときは，所望の周波数での容量値，ESR の値などを確認します．

〈山田　一夫〉

（初出：「トランジスタ技術」2018年4月号）

電気・電子
アナログ
ディジタル
製作実習
測定
回路実験
基板・雑音
RF
電源回路
放熱
センサ
高精度A-D

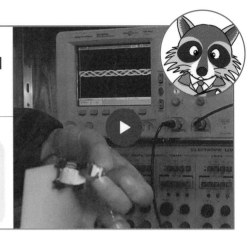

電流を蓄える基本部品「コイル」の基礎知識

[DVDの見どころ] DVD番号：A–15〜18

- **実験** コイルの中に磁石を出し入れすると起電力を発生する
- **実験** コイルの傍で磁石を回す発電機のメカニズム
- **実験** コイルの応用「トランス」の実験

〈編集部〉

● 自己誘導の強さを表す「自己インダクタンス」

図1に示すループ状の回路の電流を変化させると，磁束が変化します．その変化による電磁誘導により自分自身に逆の誘導電圧を発生させて元の電流の流れを妨げる性質を自己誘導と言います．自己誘導の強さを自己インダクタンスと言います．

誘起される電圧をe，電流の変化率を$\Delta I/\Delta t$，自己インダクタンスをLとすると，次式で表せます．

$$e\,[\mathrm{V}] = -L\frac{\Delta I}{\Delta t} \cdots\cdots\cdots (1)$$

磁束ϕはインダクタンスLの大きさと電流Iの大きさに比例し，次式で表せます．

$$\phi\,[\mathrm{Wb}] = LI \cdots\cdots\cdots\cdots\cdots (2)$$

● 鉄心入りコイルは空芯コイルよりインダクタンスが大きい

インダクタンスを持つ部品をインダクタと呼びます．一般的には電線がコイル状に巻かれています．コイルだけの空芯コイルもありますが，**図2**に示すようにコイルの中に鉄のような磁気を通しやすい物質を通すタイプがあります．これを鉄心（コア）と言います．鉄心があると，同じ巻き数やサイズのコイルでもインダクタンスの値が大きくなります．

● コイルに鎖交する磁束が変化するとコイルに起電力が生じる

式(2)を変化している電流ΔIで表すと，次式のようになります．

$$\Delta\phi\,[\mathrm{Wb}] = L\Delta I \cdots\cdots\cdots\cdots (3)$$

式(1)に式(3)を代入すると，次式で表せます．

$$e\,[\mathrm{V}] = -\frac{\Delta\phi}{\Delta t} \cdots\cdots\cdots\cdots (4)$$

つまり，コイルに鎖交する磁束を変化させると起電力が生じます．

● 実験① コイルの中に磁石を入れたり出したりすると起電力が発生することを確かめる

実験で確かめてみましょう（**図3**）．トランスのボビンに電線を300ターン巻いたコイルと，磁力線を発生するものとしてネオジム磁石を準備しました．コイルには起電力を確認するためにオシロスコープをつないでいます．

実験映像（DVD番号：A–15）をご確認ください．コイルと磁石を手に持って磁石をコイルの中に出し入れすると，オシロスコープの画面に電圧波形が表示されます．出し入れのスピードを速くすると波形が大きくなる（誘導電圧が大きくなる）ことが確認できます．この実験結果は式(4)の関係を表しています．

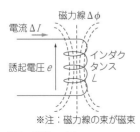

図1　空芯コイル
コイルに流れる電流が変化すると磁力線も変化してコイルに電圧が誘起される

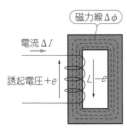

図2　鉄心入りコイル
鉄心は磁力線が通りやすさを示す透磁率が空気中より大幅に高いので，発生した磁力線の大部分は鉄心の中を通る

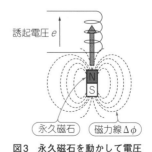

図3　永久磁石を動かして電圧を発生させる
コイルの中に磁石を出し入れするとコイルに鎖交する磁石が変化するので電圧が誘起される

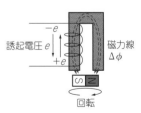

図4　磁石を回転させて交流電圧を発生させる
磁石を回転させて磁石極性を交互に変化させると磁束の向きと強さが変化してコイルに交流の電圧が誘起される

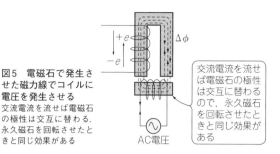

図5 電磁石で発生させた磁力線でコイルに電圧を発生させる
交流電流を流せば電磁石の極性は交互に替わる。永久磁石を回転させたときと同じ効果がある

交流電流を流せば電磁石の極性は交互に替わるので、永久磁石を回転させたときと同じ効果がある

AC電圧

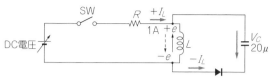

図6 コイルにエネルギを蓄える実験回路
スイッチをONしたとき、インダクタに電流が流れる。抵抗Rは電流を一定に制限するために入っている。スイッチをOFFするとDC電源から供給される電流は遮断される。インダクタンスの性質で電流を流れ続けさせようとする。その方向がダイオードと同じ向きになるのでダイオードがONしてコンデンサを充電する

● **実験② コイルの応用「発電機」のメカニズム**

図4に示す磁石を回転軸に取り付け、鉄心を入れたコイルの近くで回転させます。回転とともにコイルを鎖交する磁束が変化するので、コイルの出力には正弦波に似た交流の電圧波形が発生します。

実験画像(DVD番号：A-16)を確認ください。これは発電機の原理となります。本物の発電機はより効率良く発電できる構造になっていますが、基本原理はこの実験装置と同じです。

● **実験③ コイルの応用「トランス」のメカニズム**

図5に示すように、図4の磁石の部分を電磁石に変えてコイルに電流を流すと、式(3)で表したように磁束φが発生します。コイルに交流電流を流すと磁束φもそれに従って変化します。

電磁石はフェライト鉄心に電線を巻いたものを用意しました。この電磁石を先ほどの実験に使ったコイルの側に近づけるとどうなるでしょうか。

実験画像(DVD番号：A-17)をご覧ください。コイルにつながれたオシロスコープに正弦波電圧が発生していることが確認できます。電磁石の電流を大きくすれば出てくる電圧も大きくなり、電流の周波数を変化させれば、出力電圧も同じく変化します。コイルと電磁石の距離も近ければ近いほどコイルに鎖交する磁束が多くなるので出力が大きくなります。これはまさに変圧器(トランス)の原理と同じです。

実際の変圧器(トランス)では、効率良く電力を伝送するために磁束の漏れができるだけ少なくなるような構造にしていますが、原理的には本実験装置と同じです。

● **実験④ インダクタに蓄えられたエネルギの量をコンデンサに充電された電圧で確認する**

インダクタはコンデンサと同じようにエネルギを蓄えることができます。蓄えられるエネルギEは次式で表せます。

$$E\,[\,\mathrm{J}\,] = \frac{1}{2}LI^2 \cdots\cdots\cdots\cdots\cdots\cdots (5)$$

インダクタへ供給していた電流をスイッチで切ると、それまで流れていたインダクタ電流が減少していき、ゼロになるまでの間エネルギを放出します。

インダクタ電流はスイッチを切ってもすぐにはゼロにならず、エネルギを放出する回路があれば、エネルギを放出しながらインダクタ電流がゼロになるまで流し続けます。

今回の実験回路では、図6に示すダイオードとコンデンサによるエネルギ放出回路を追加しています。

スイッチON時にインダクタに蓄えたエネルギはOFFにすると逆起電力が発生し、ダイオードをONにしてコンデンサに放出されます。最初にコンデンサの電荷をゼロにしておけばコンデンサ容量Cとコンデンサ電圧Vで蓄えられるエネルギEは、次式で計算できます。

$$E\,[\,\mathrm{J}\,] = \frac{1}{2}CV^2 \cdots\cdots\cdots\cdots\cdots\cdots (6)$$

実際には、インダクタの等価抵抗やダイオードの損失、コンデンサの漏洩電流、測定器の入力インピーダンスなどの影響があり、インダクタのエネルギが100％コンデンサに蓄えられるわけではないですが、両者のエネルギ量は近い結果になるはずです。

実験映像(DVD番号：A-18)を確認ください。実験装置のスイッチをONにしてインダクタに電流を流した後、スイッチをOFFにした瞬間、コンデンサが充電されて電圧が上昇するようすが確認できます。

インダクタが放出したエネルギE_Lは、電流Iが1A、インダクタンスLが900 μHなので、次式で求まります。

$$E_L = 1/2 \times 900\ \mu\mathrm{H} \times (1\ \mathrm{A})^2 = 0.45\ \mathrm{mJ}$$

コンデンサに充電されるはずの電圧V_Cは、コンデンサ容量が20 μFなので、次式で求まります。

$$V_C = \sqrt{(2 \times 0.45\ \mathrm{mJ})/20\ \mu\mathrm{F}} = 6.708\ \mathrm{V}$$

放電回路にダイオードS3V60が直列に入っているのでコンデンサに充電される電圧は、ダイオードの1A時順方向電圧降下(V_F)0.85 Vだけ低くなります。計算値の6.708 Vから0.85 Vを差し引くと、5.858 Vです。

実験で確認されたコンデンサ電圧が5.75 Vだったので、インダクタからの放出エネルギとコンデンサに蓄えられたエネルギは同じことが確認できました。

〈並木 精司〉

(初出：「トランジスタ技術」2018年4月号)

電気・電子　アナログ　ディジタル　製作実習　測定　回路実験　基板・雑音　RF　電源回路　放熱　センサ　高精度A-D

電圧の位相が進んだり遅れたり！ コンデンサとコイルの交流応答

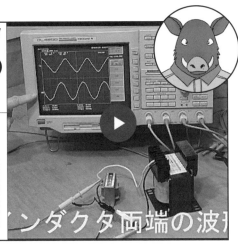

[DVDの見どころ] DVD番号：A-19

- **実験** 抵抗両端の電圧と直列接続されたコイル両端の電圧の総和が電源電圧より高い．なぜ？
- コイル両端の電圧の位相は抵抗の電圧より90°進む
- **実験** 抵抗両端の電圧と直列接続されたコンデンサ両端の電圧総和が電源電圧より高い．なぜ？
- コンデンサ両端の電圧の位相は90°遅れる 〈編集部〉

● **コンデンサやコイルのある回路からは電源より高い電圧が出力されることがある**

抵抗とコイル，抵抗とコンデンサの直列回路に，60 Hzの交流電圧 10 V_{RMS} を与えて，そのときの電圧を測定します．抵抗だけの回路だと，負荷に加わる電圧の総和は，電源電圧に等しくなります．一方，**図1**に示すようにコイルやコンデンサが入ると，負荷電圧の総和は，電源電圧 V_S と等しくなりません．

$$V_L + V_R = 9.67\,V + 3.26\,V = 12.93\,V\,(\neq V_S)$$
$$V_C + V_R = 7.31\,V + 8.25\,V = 15.56\,V\,(\neq V_S)$$

● **コンデンサは電圧が電流より90°遅れ，コイルは電圧が電流より90°進む**

図2(a)に，オシロスコープで測った**図1**(a)の抵抗両端の電圧 V_R とコイル両端の電圧 V_L を示します．コ

イルの電圧の位相は抵抗の電圧の位相(つまり電流の位相)より90°進んでいます．単純に足し算ができないのはこのせいです．

図1(b)では，**図2**(b)のように，コンデンサの電圧の位相が抵抗の電圧の位相(つまり電流の位相)から90°遅れます．

● **位相の異なる電圧の加算はベクトルで行う**

互いに90°の角度を持つ電圧の加算は，ベクトルを使って計算します．**図3**のように作図して計算すると，加算結果は電源電圧に等しくなります．

● **コンデンサやコイルの交流信号に対する抵抗「インピーダンス」の表し方**

コイルとコンデンサに流れる電流の位相は，抵抗とは90°ずれています．この方向(複素軸 j)の交流抵抗をリアクタンスといい，おのおの次のようになります．

$$X_L = 2\,\pi\,fL = 2\,\pi\times60\times20\times10^{-3} = 7.54\,\Omega$$
$$X_C = 1/2\,\pi\,fC = 1/(2\,\pi\times60\times3\times10^{-6}) = 884\,\Omega$$

図3(a)の V_S の方向の抵抗成分を計算すると，**図1**(a)のインピーダンス Z は次式で求まります．

$$V = \sqrt{V_R^2 + V_L^2} = I\sqrt{R^2 + X_L^2}$$
$$Z = V/I = \sqrt{R^2 + X_L^2} = \sqrt{8.2^2 + 7.54^2} = 11.1\,\Omega$$

〈漆谷 正義〉

(初出：「トランジスタ技術」2018年4月号)

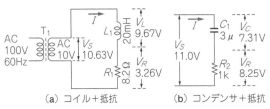

AC 100V 60Hz T₁ AC 10V V_S 10.63V L_1 20mH V_L 9.67V R_1 8.2Ω V_R 3.26V I

V_S 11.0V C_1 3μ V_C 7.31V R_2 1k V_R 8.25V I

（a）コイル＋抵抗　　　　　（b）コンデンサ＋抵抗

図1 コイルやコンデンサが入った交流回路
負荷の両端の電圧の総和が電源電圧を超える

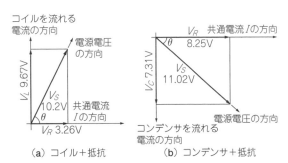

（a）抵抗とコイルの直列回路の電圧波形

（b）抵抗とコンデンサの直列回路の電圧波形

図2 コイルの電圧は抵抗の電圧 V_R より位相が90°進み，コンデンサの電圧は V_R より位相が90°遅れる

コイルを流れる電流の方向　電源電圧の方向　共通電流 I の方向　V_L 9.67V　V_S 10.2V　θ　V_R 3.26V

共通電流 I の方向　V_R 8.25V　θ　V_C 7.31V　V_S 11.02V　電源電圧の方向　コンデンサを流れる電流の方向

（a）コイル＋抵抗　　　　　（b）コンデンサ＋抵抗

図3 抵抗，コイル，コンデンサの電圧の関係
ベクトルの加算で正しい結果が得られた

ところ変われば呼び名も変わる！ 抵抗器の修飾語　　**Column 4**

● **修飾された抵抗には深い意味がある**

　エンジニアの会話には，よく○○抵抗などと言う言葉が出てきます．このような「名前」をもつ抵抗はたくさんの種類がありますが，大きく2つの意味に分類することができます．

▶**①素子や回路の性質，状態**

　次の抵抗は，素子や回路の性質・状態を表します．

　寄生抵抗／動作抵抗／内部抵抗／入力抵抗／出力抵抗／絶縁抵抗／合成抵抗／等価抵抗／損失抵抗／負性抵抗

　例えば，入力抵抗や出力抵抗，絶縁抵抗などは，回路の仕様を示すときによく利用されます．

　合成抵抗，動作抵抗，等価抵抗などは，素子や回路を解析するときに登場します．いずれも性質や状態を示し，必ずしも抵抗の実体があるとは限りません．「もし抵抗で表すならば」というような，仮想的な抵抗を指し示す言葉です．

　図Cに性質，状態を表す抵抗の例を示します．

▶**②目的，役割を表す**

　次の抵抗は，抵抗器の目的を表しています．

　分圧抵抗／分流抵抗／電流検出抵抗／電流制限抵抗／保護抵抗／バラスト抵抗／負荷抵抗／バランス抵抗／ブリーダ抵抗／バイアス抵抗／プルアップ抵抗／フィードバック抵抗／ディジェネレーション抵抗／終端抵抗

　どれも実体のある抵抗器に対してその目的や役割を示す名前です．分圧抵抗を使って1/2の電圧を作ろうとか，出力電流を測るために電流検出抵抗を回路に挿入しよう，などと目的を果たすための手段として抵抗を用いるときに使われます．

　これらの抵抗は設計のシーンで出てくる抵抗です．
　図Dに目的，役割を表す抵抗の例を示します．

　表Aに具体的な目的と抵抗の名前を整理しています．

　設計は，それぞれの部分や素子に意図をこめて回路を作り上げていく行為です．その回路に使われる抵抗には必ず**表A**のような目的や役割があります．意味のない「無駄な抵抗」はありません．

　先輩の回路を追っていくときなどには，それぞれの抵抗の役割が何かを調べるとわかりやすくなります．

〈加藤 大〉

表A 目的と抵抗の名前

目　的	抵抗の名前
電流を電圧に変える	電流検出抵抗，負荷抵抗
電圧を電流に変える	バランス抵抗，バイアス抵抗，ブリーダ抵抗
電圧を比例的に小さくする	分圧抵抗
電流を分ける	分流抵抗，シャント抵抗
電流を制限する	電流制限抵抗，保護抵抗，バラスト抵抗
電圧を固定する	プルアップ抵抗，バイアス抵抗
フィードバックをかける	フィードバック抵抗，ディジェネレーション抵抗
インピーダンスを調整する	終端抵抗

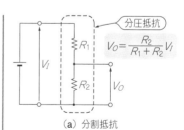

$$V_O = \frac{R_2}{R_1 + R_2} V_I$$

（a）分割抵抗

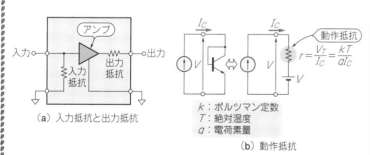

k：ボルツマン定数
T：絶対温度
q：電荷素量

$$r = \frac{V_T}{I_C} = \frac{kT}{qI_C}$$

（a）入力抵抗と出力抵抗

（b）動作抵抗

図C 性質，状態を表す抵抗
（a）は抵抗器があるとみなして特性を表現する．（b）はトランジスタのダイオード接続の動作抵抗である．小信号解析で行う．I_Cを流したとき，トランジスタはkT/qI_Cの抵抗に見える

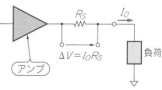

$\Delta V = I_O R_S$

（b）電流検出抵抗

図D 目的，役割を表す抵抗
（a）は$R_1 = R_2$にするとV_Iの1/2の電圧が作れる．（b）はアンプの負荷電流を測るときなどに直列に入れる抵抗である．電圧降下ΔVから電流値がわかる．電圧降下は大きくなりすぎないように抵抗値を小さくする

第2章　半導体素子/アナログ回路の基本

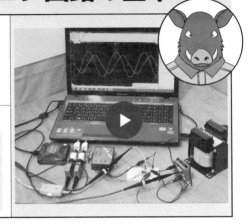

直伝！匠の技 ⑦ OPアンプで作る基本増幅回路3種

[DVDの見どころ] DVD番号：B-01

- 講義 非反転アンプと反転アンプを組み合わせた差動アンプの構成例
- 実験 基準電位を気にせず任意の2点間の電圧を増幅できる差動アンプを使って，コイルに流れる交流電流を測ってみた　〈編集部〉

● [基本増幅回路①] 反転アンプ

図1に示すのは，OPアンプ1個と抵抗2個で作れるアンプです．出力信号の位相が入力信号と180°違うので，反転アンプと呼ばれています．

信号はマイナス端子から入力します．入力抵抗R_1と帰還抵抗R_2の2本でゲインを決めることができます．ゲインは次式で求まります．

$$A = \frac{R_2}{R_1}$$

増幅動作中，プラス入力端子とマイナス入力端子の電位はほぼ0Vなので，入力抵抗R_1に電源電圧を超える電圧を加えても動作します．マイクのミキシング回路（加算回路）やフォトダイオードのプリアンプ（$I\text{-}V$変換回路）に利用されています．

R_1が，入力インピーダンスとゲインの両方に関係し，おのおのを独立して決めることができないのが欠点です．周波数帯域は，使うOPアンプICのゲイン・バンド幅積（GBW：Gain Bandwidth）と，入力信号と出力信号のゲインA［倍］で決まります．

● [基本増幅回路②] 非反転アンプ

図2に示すのは，プラス入力端子に信号を入れるアンプです．出力は入力と同相なので，非反転アンプと呼ばれています．次式のとおり，ゲインは2本の抵抗で決めることができます．

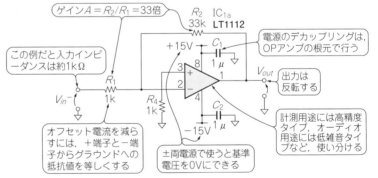

図1　最もシンプルにゲインを決めることができる反転アンプ
入力に対して極性が反転した信号が出力される．入力インピーダンスを高くできない

ゲイン$A = R_2/R_1 = 33$倍　　R_2 33k　IC$_{1a}$ LT1112

この例だと入力インピーダンスは約1kΩ

電源のデカップリングは，OPアンプの根元で行う

出力は反転する

R_1 1k　V_{in}^-

オフセット電流を減らすには，＋端子と－端子からグラウンドへの抵抗値を等しくする

R_4 1k

±両電源で使うと基準電圧を0Vにできる

計測用途には高精度タイプ，オーディオ用途には低雑音タイプなど，使い分ける

C_1 1μ　C_2 1μ

+15V　－15V

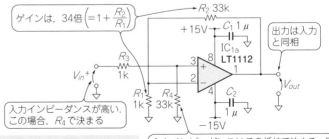

図2　入力インピーダンスを高くできる非反転OPアンプ
入力と同じ極性の信号が出力される．入力電圧の有効範囲が狭い

ゲインは，34倍$\left(= 1 + \dfrac{R_2}{R_1}\right)$

R_2 33k　C_1 1μ　IC$_{1a}$ LT1112

+15V

出力は入力と同相

R_3 1k　V_{in}^+

R_1 1k　R_4 33k

入力インピーダンスが高い．この場合，R_4で決まる

C_2 1μ　V_{out}　－15V

同相信号除去比（$CMRR$：Common Mode Rejection Ratio），動作入力電圧範囲が狭いという欠点がある

入力インピーダンスはこの抵抗で決まる．DCバイアス点を固定したり，オフセット電流を軽減したりする．両電源のときは，R_4を省略できる

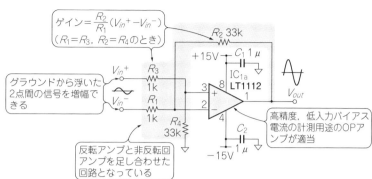

図3 任意の2点につないで，その電圧差を増幅できる
反転回路＋非反転回路の構成になっている．センサから出力された微小信号の増幅，電流検出回路などに応用されている

ゲイン＝$\dfrac{R_2}{R_1}(V_{in}{}^+ - V_{in}{}^-)$
（$R_1 = R_3$，$R_2 = R_4$のとき）

R_2 33k

グラウンドから浮いた2点間の信号を増幅できる

$V_{in}{}^+$ R_3 1k
$V_{in}{}^-$ R_1 1k

R_4 33k

反転アンプと非反転回アンプを足し合わせた回路となっている

+15V C_1 1μ
IC$_{1a}$ LT1112

V_{out}

-15V C_2 1μ

高精度，低入力バイアス電流の計測用途のOPアンプが適当

100VのAC電圧をトランスで降圧する

この回路の共通電流 I

シャント抵抗を流れる電流 I_R は共通電流 I と同じ

差動アンプ（図3）

V_{AC}
10V$_{RMS}$
60Hz

R_S 0.1Ω I_R

Shunt+ $V_{in}{}^+$
Shunt− $V_{in}{}^-$

V_{out}

コイル I_L 電流に比例した電圧が取り出せる

L_1 20mH V_L
I_L

コイル両端の電圧

シャント抵抗は，電力を消費せず，コイル回路に影響を与えないように極力小さな値とする

コイルを流れる電流 I_L も共通電流 I と同じ

V_{AC} に対して $I = I_R = I_L$ の位相はどうなっている？動画参照！

図4 差動アンプを利用するとコイルに流れる電流を測定できる

$$A = 1 + \frac{R_2}{R_1}$$

入力インピーダンスはゲインと別に決めることができますが，入力できる電圧の範囲が，OPアンプの同相入力電圧範囲（CMRR）の制約を受けます．

● ［基本増幅回路③］差動アンプ

図3に示すのは，基準電位の違いを気にせずに，任意の2点に気軽につないでその電位差を増幅できる差動アンプです．反転回路と非反転回路の組み合わせです．プラス端子の入力信号と出力信号は同相です．

$R_1 = R_3$，$R_2 = R_4$とすると，次のようにゲインが求まります．

$$A = \frac{R_2}{R_1}$$

差動アンプを使うと，基準電位の違う電源を流れる電流を簡単に測ることができます．図4に示すように，電流の流れを妨げないくらい値の小さい（0.1 Ω）抵抗器（シャント抵抗という）を配線の途中に挿入して，その両端の電圧を測るだけです．

ただし，1石の差動アンプは反転アンプと非反転アンプの欠点を併せもちます．同相入力範囲が狭く，入力インピーダンスは高くできません．

〈漆谷　正義〉

（初出：「トランジスタ技術」2018年4月号）

差動アンプの入力端子につながる抵抗の精度にご用心　　Column 1

差動アンプは，外部ノイズが混入された箇所にある微弱なセンサ信号からノイズを区別して，取り出す目的などに使われます．差動アンプの性能は入力ピンにつながる抵抗（本文図3に示す$R_1 \sim R_4$）の精度に左右されます．

安価な抵抗の精度は10％程度です．例えば，本文の図3に示すR_3が1.1 kΩ（誤差10％）だったとすると，出力信号にノイズが乗ります．R_3が1.001 kΩ（誤差0.1％）のとき，出力信号はノイズの影響をほとんど受けません．差動アンプは，入力ピンにつながる抵抗を高精度にしておかないと，ノイズを分離できません．

0.1％精度の抵抗は高価なので，R_2を約960 Ωにし，100 Ωの可変抵抗と組み合わせて調整することが一般的です．

R_2，R_4の精度も同様に効くので，慎重に定数や種類を検討します．

〈山田　一夫〉

電気・電子
アナログ
デジタル
製作実習
測定
回路実験
基板・雑音
RF
電源回路
放熱
センサ
高精度A・D

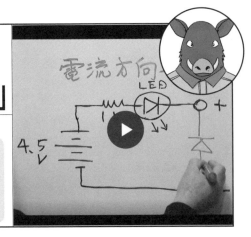

直伝！匠の技 ⑧ 一番シンプル！一番よく使う！電流整流素子「ダイオード」

[DVDの見どころ] DVD番号：B-02

- 実験 両波信号を片波に変えるダイオードの整流作用
- 実験 電流の流れているダイオードのアノード-カソード間には0.6 V一定の電圧が生じる
- 実験 トランジスタもダイオードと同じ整流作用を示す〈編集部〉

● 基本的な性質とふるまい

ダイオードは，アノードとカソードという2つの端子をもつ半導体でできた受動素子で，表1に示す種類があります．

電流はアノード→カソード方向（順方向）にしか流れません．逆方向，つまりカソードからアノードには電流が流れません．この特性を利用して，交流電源の整流や電波の検波に利用されています（図1）．

トランジスタをシンプル化すると図2に示すようにダイオードが2個接続されています．

● 順電圧降下が小さいダイオードもある

図1に示すように，汎用ダイオードは，順方向に電流を流すと0.6 V一定の電圧が発生します．温度が上がると順電圧が低下します．また逆方向に漏れる電流も増えます．

表1のショットキー・バリア・ダイオードは，汎用ダイオードよりも順電圧が低いので，無線機の検波や3.3 V以下の低電圧出力DC-DCコンバータに利用されています．

● 逆方向で使う「ツェナー」と「バラクタ」

ツェナー・ダイオードと可変容量ダイオード（バラクタ）は逆電圧を加えるのが正しい使い方です．図3にバラクタの使用例を示します．電圧を加えると，アノード-カソード間の容量が変化します．これを利用して電圧で周波数を可変するVCO（Voltage Controlled Oscillator）を作ることができます．〈漆谷 正義〉

（初出：「トランジスタ技術」2018年4月号）

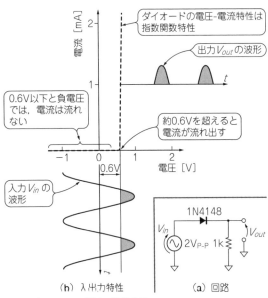

図1 ダイオードの整流・検波作用
順電圧降下（約0.6 V）が無視できないことがある

図2 ダイオードを使ったNPNトランジスタ・モデル
PNPの場合はダイオードの向きが逆になる

表1 ダイオードの種類と主な特性
ショットキー・バリア・ダイオードは順電圧降下が低い

種　類	例	順電圧降下	逆電流	寄生容量
ゲルマニウム・ダイオード	1N60	0.2 V	40 µA	1 pF
ショットキー・バリア・ダイオード	BAT43	0.3 V	0.5 µA	7 pF
シリコン・ダイオード	1N4148	0.6 V	25 nA	4 pF

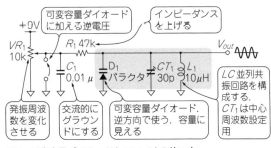

図3 可変容量ダイオード（バラクタ）の使い方
逆電圧を加え，電流を流さず容量成分として使う

直伝！匠の技 ⑨ 一石でも作れる！簡単すぎるトランジスタ回路

[DVDの見どころ] DVD番号：B-03

- 実験 自己バイアス回路の出力波形を確認
- シミュレーション 1石アンプの入出力波形をLTspiceで解析
- 実験 ワンチップ・ラジオの出力を2石アンプで増幅してスピーカを鳴らす 〈編集部〉

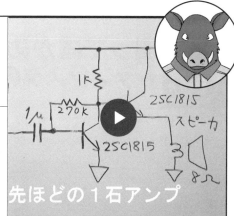

先ほどの1石アンプ

● 抵抗2本！1番シンプルなオーディオ・アンプ

図1に示すのはトランジスタ1個と抵抗1個で作れる増幅回路です．R_CとR_Fは次式で求まります．

$$V_C = 3\,\text{V} - R_C I_C \quad\cdots\cdots\cdots\cdots\cdots (1)$$
$$I_B = (V_C - 0.6\,\text{V})/R_F \quad\cdots\cdots\cdots\cdots (2)$$
$$I_C = h_{FE} I_B \quad\cdots\cdots\cdots\cdots\cdots\cdots (3)$$

図2に示すように，出力振幅が最大になるようにするには，$V_C = 2\,\text{V}$，$I_C = 1\,\text{mA}$に設定するとよいでしょう．h_{FE}は200とします．式(1)から次のように，

$$R_C = (3\,\text{V} - V_C)/I_C = 1\,\text{k}\Omega$$

と求まります．式(3)から次式が成立します．

$$I_B = I_C/h_{FE} = 1/200\,\text{mA}$$

式(2)から，次のように求まります．

$$1/200\,\text{mA} = (2\,\text{V} - 0.6\,\text{V})/R_F$$
$$R_F = 200 \times 1.4 = 280\,\text{k}\Omega$$

R_Fは標準系列から270 kΩを選びます．

● マイコンをアシスト！ロジック反転回路

図3に示すのはロジック反転回路です．マイコンの電流駆動不足を補ったり，LEDやリレーを駆動したりと用途はさまざまです．出力が反転する入力電圧のしきい値を求めてみましょう．コレクタ電圧が0 Vになるときのコレクタ電流I_Cは次のとおりです．

$$I_C = 3\,\text{V}/1\,\text{k}\Omega = 3\,\text{mA}$$

R_Bによる電圧降下は次のとおりです．

$$I_B R_B = (I_C/h_{FE}) \times 10\,\text{k}\Omega = (3/200) \times 10\,\text{k}\Omega = 0.15\,\text{V}$$

次式から，0.75 V以上でONすることがわかります．

$$V_{in} = 0.15 + V_{BE} = 0.15 + 0.6 = 0.75\,\text{V}$$

しきい値を調節するときは，ベース-エミッタ間に抵抗R_{BE}を追加します．$R_{BE} = 10\,\text{k}\Omega$時に，$V_{in}$の1/2が$V_{BE}$より高いと$\text{Tr}_1$がONするので，$V_{in} \geq 1.4\,\text{V}$になります．$I_B$は小さいので無視しました．PNPトランジスタの場合は図4の回路になります．〈漆谷 正義〉

（初出：「トランジスタ技術」2018年4月号）

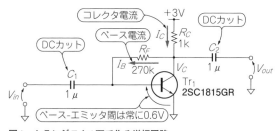

図1 トランジスタ1石で作る増幅回路
自己バイアス回路という．比較的安定に動作し，大きなゲインが得られる

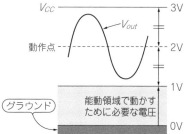

図2 自己バイアス回路の動作点
能動領域（アナログ動作領域）で動かすには，約1 V以上のコレクタ電圧が必要

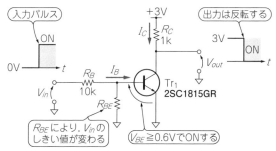

図3 トランジスタ1石のスイッチング回路①NPNのときはGNDが基準になる

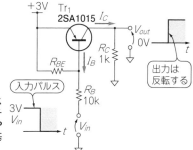

図4 トランジスタ1石のスイッチング回路②PNPのときはV_{CC}が基準になる

直伝！匠の技 ⑩ 測って確かめる！トランジスタの基本動作

[DVDの見どころ] DVD番号：B-04

- ●実験 トランジスタ回路のベース電圧とコレクタ電圧を測る
- ●実演 ベース電流とコレクタ電流を計算して求め，増幅されていることを確認する　〈編集部〉

直伝！匠の技 ⑪ OPアンプ/トランジスタ/MOSFETのデータシートの見方

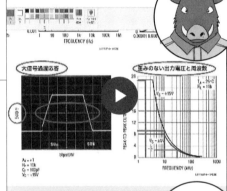

[DVDの見どころ] DVD番号：B-05

- ●実演 OPアンプのデータシートの見方
- ●実演 トランジスタのデータシートの見方
- ●実演 MOSFETのデータシートの見方　〈編集部〉

直伝！匠の技 ⑫ 一目でわかる！ディスクリート部品や機構部品の見分け方

[DVDの見どころ] DVD番号：B-06

- ●実演 抵抗，コンデンサ，コイルの各種類を見比べる
- ●実験 ネットワーク・アナライザを使ってコイルとコンデンサの特性を調べる
- ●実演 ICソケットの種類
- ●実験 タクタイル・スイッチの接触抵抗を測る　〈編集部〉

直伝！匠の技 ⑬ 電子部品の極性やICの1番ピンの見つけ方

[DVDの見どころ] DVD番号：B-07

- ●実演 極性がある部品の見分け方
- ●実演 ICの1番ピンの見つけ方
- ●実験 フィルム・コンデンサは「極性がない」と言われるが，向きによってノイズ量が変わる　〈編集部〉

融和か？ 緊張か？ 2石トランジスタ回路の上手な組み合わせ方 **Column 2**

表Aにトランジスタの各端子の性質を示します.

一見,「ベース」の項は電流入力ではないか？と思うかもしれません. 確かにトランジスタはベース電流でコレクタ電流を制御する電流制御素子ですが, それは素子の動作原理を示すにすぎません.

実際の回路では, トランジスタはエミッタの電圧をベース電圧に追随させようとします. そして, その追随に必要な電流はコレクタからエミッタに流すので, 表Aのような役割になります.

● 融和関係の組み合わせ

インピーダンスに一方向の支配関係があり, 信号が効率的に伝わる条件です. いわば, 相手を立てて無駄を減らす関係です.

図A(a)はエミッタ・フォロワの出力を次段の増幅段につないだパターンです. このような信号伝達のときは, 低いインピーダンスの出力を高いインピーダンスの入力につなぐと, 出力電圧が負荷である入力インピーダンスの影響を受けにくくなります.

図A(b)はコレクタの上にもう1つトランジスタを重ねたカスコード回路です. 下側のトランジスタで増幅されたコレクタ電流は, カスコード・トランジスタのエミッタに流れる, 電流の信号伝達です. カスコード・トランジスタのエミッタのインピーダンスは低く, 下側のトランジスタのコレクタのインピーダンスは高いので, 電流変化に伴う電圧変化の影響を受けにくくなります.

● 緊張関係の組み合わせ

緊張関係からはゲインが生まれます.

図A(c)は, 左と右のトランジスタのそれぞれのベース電圧の差を増幅する回路です. 左右のトランジスタはそれぞれベース電圧に従ってエミッタ電圧を決めようとしますが, そこに相手のエミッタがつながっているので競合します. 勝負ゆえ, 互いのエミッタのインピーダンスは対等にします. その下側のトランジスタは電流源で, 出力インピーダンスが高く, 勝負では「従」の立場です.

図A(d)は能動負荷を持つ電圧増幅段です. 下側のトランジスタのコレクタ負荷にカレント・ミラーが利用されています. 下側のトランジスタのコレクタも, カレント・ミラーのコレクタもインピーダンスが高く, 電流の綱引きによりノードの電圧が大きく変化します. この形式の増幅段は, 高い電圧増幅度が得られます.

● まとめ

▶信号伝達のとき（融和）
- 電圧を伝達するなら, 出力Z＝低, 入力Z＝高
- 電流を伝達するなら, 出力Z＝高, 入力Z＝低

▶増幅・比較のとき（勝負）
- 電圧の勝負では, 相互の出力Zを同じかつ低く
- 電流の勝負では, 相互の出力Zを同じかつ高く

〈加藤 大〉

表A トランジスタの3つの端子の性質と役割

端　子	役　割	インピーダンス
エミッタ	電圧出力	低い
コレクタ	電流出力	高い
ベース	電圧入力	高い

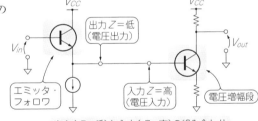

出力(Z＝低)と入力(Z＝高)の組み合わせ

（a）信号伝達

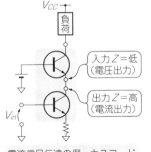

電流信号伝達の例. カスコード回路は高周波回路で有用

（b）カスコード回路

左と右のベース電圧の差を増幅する. OPアンプの基本構造として有名. 両方のエミッタの電圧を「勝負」する例

（c）差動増幅回路

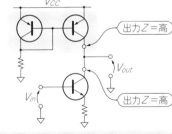

負荷のZが高いと増幅度が上がる. 抵抗の代わりに電流源を使うこともできる. IC設計でよく使われる. 電流を「勝負」する例

（d）能動負荷

図A 2つのトランジスタをつなぐときは「融和」または「緊張」の関係になるようにする

電気・電子 アナログ ディジタル 製作実習 測定 回路実験 基板・雑音 RF 電源回路 放熱 センサ 高精度A・D

電子部品の極性やICの1番ピンの見つけ方　25

第3章　マイコン / ディジタル回路の基本

定番の IC間インターフェース I²CとSPIの掟

[DVDの見どころ] DVD番号：C-01〜03

- **講義** I²Cのバス・ラインの構成とつなぎ方
- **実験** I²Cの信号波形をオシロスコープで捉えて通信中のデータの意味を解説
- **講義** SPIインターフェースの構成とつなぎ方

〈編集部〉

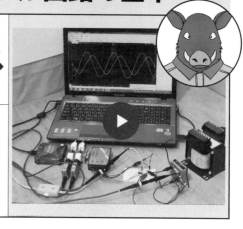

● IC間通信インターフェースの事実上のデファクト・スタンダード「I²C」

I²Cは，マイコンやIC間のシリアル通信規格です．グラウンド・ラインを除くクロックSCLとデータSDAの2本だけで，たくさんのIC間の通信を可能にします（図1）．SCLが"H"のときはSDAの電位の遷移は禁止で，データとして有効な期間です．SCLが"L"のときは，SDAは電位を変化させることができます．ただし例外が次の2つあります．

(1) SCLが"H"のときにSDAが"H"→"L"となったら通信スタートの合図
(2) SCLが"H"のときにSDAが"L"→"H"となったら通信終了の合図

▶オープン・ドレインである

I²C（SDA，SCL）に接続する回路はオープン・ドレイン・タイプでなければなりません．

図2に示すように，共通のプルアップ抵抗で電源に

表1 SPIインターフェースの信号と機能
信号名にはさまざまな呼び方がある

機　能	信号名
チップ・セレクト	CS, SYNC, ENABLE
クロック	SCLK, CLK, SCK
データ入力	SDI, MISO（マスタ）, MOSI（スレーブ）
データ出力	SDO, MOSI（マスタ）, MISO（スレーブ）

▶ MISO：Master Input Slave Output；マスタなら入力，スレーブなら出力の信号
▶ MOSI：Master Output Slave Input；マスタなら出力，スレーブなら入力の信号

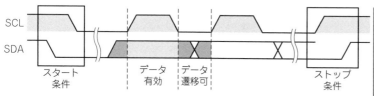

図1 SCLとSDAの関係
クロック（SCL）がHレベルのときはデータ遷移禁止であるが，開始と終了という2つの例外がある

表2 SPIインターフェースはクロックの極性と位相を設定で選べる

MODE	クロック極性 CPOL	クロック位相 CPHA
0	0	0
1	0	1
2	1	1
3	1	0

(a)クロック極性と位相の違う4つのモードを選べる

設定値	クロック極性 CPOL	クロック位相 CPHA
0	正	立ち上がり
1	負	立ち下がり

(b)クロック極性（CPOL）とクロック位相（CPHA）の定義

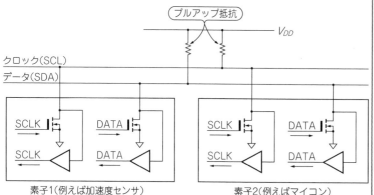

素子1（例えば加速度センサ）　　素子2（例えばマイコン）

図2 バスにぶら下げていいのはオープン・ドレイン型の出力回路をもつICだけ
オープン・ドレインでワイヤードANDをしている

接続します．バスが休止状態のときは，すべてのトランジスタがOFFで，バスの電位は"H"です．通信が始まると，どれか1つのトランジスタがONになり，バスの電位は"L"になります．

● I^2Cより高速通信したいならSPIインターフェース

SPIは，グラウンドを除く4本の信号ラインで通信するシリアル規格で，データ・レートがI^2Cより高速です．表1に各信号の名称を示します．つなぎ合わせるデータ入力（MISO）とデータ出力（MOSI）は名前が違います．クロックを出すほうがマスタ，クロックを受け取る方がスレーブです．マスタから出るほうのデータがMOSIです．

表2に示すように，クロックの極性と位相の違いによって，4つの通信モードを選ぶことができます．

〈漆谷 正義〉

（初出：「トランジスタ技術」2018年4月号）

どうしてI^2Cは1本のデータ線をたくさんのICで共有できるの？　　Column 1

図Aは，入力が"H"のとき出力が"L"に，入力が"L"のとき出力がオープン（Hi-Z）になるロジック信号の出力回路です．オープン・ドレイン回路と呼びます．

I^2C通信回路はオープン・ドレイン回路を使ってワイヤードANDが構成されています．図B(a)に示すように，I^2C通信回路のどれか1つがONする（出力を"L"にする）とバス全体が"L"になり，通信可能な状態になります．通信できるのはバスを"L"にしたICだけです．通信が行われている間，他のICは端子をオープンにして待機しなければなりません．

図B(b)は，トランジスタ増幅回路のエミッタ抵抗を切り替える回路です．Trは"L"かオープンでなければならず，ここは"H"にはできません．

どんなロジック回路もオープン状態を使ってデータをやり取りすることはできません．必ず"H"または"L"を使います．図Cに示すように，マイコンやロジックICも，その出力部は2石のトランジスタ回路になっていて，電源電位（"H"）または，グラウンド電位（"L"）を出力します．

〈漆谷 正義〉

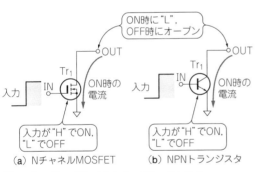

（a）NチャネルMOSFET　　（b）NPNトランジスタ

図A　オープン・ドレインとオープン・コレクタ
出力回路はドレインまたはコレクタだけに接続

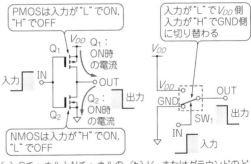

（a）PチャネルとNチャネルの　（b）V_{DD}またはグラウンドのど
　　MOSFETの組み合わせ　　　ちらかにつながるスイッチ

図C　通常のロジック出力回路
出力は"H"または"L"でオープンにはならない

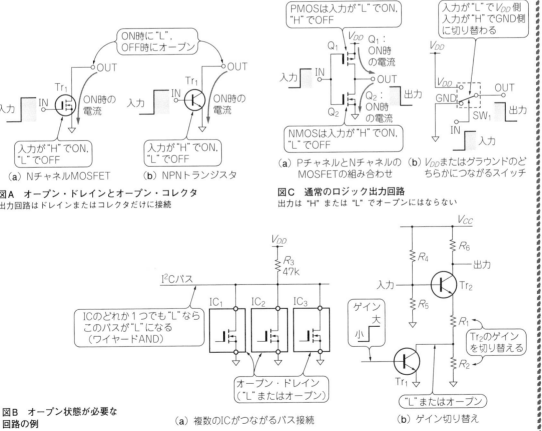

図B　オープン状態が必要な回路の例
　　　　（a）複数のICがつながるバス接続　　　　（b）ゲイン切り替え

電気・電子

アナログ

ディジタル

製作実習

測定

回路実験

基板・雑音

RF

電源回路

放熱

センサ

高精度A-D

いてくれて良かった… マイコンを落ち着かせる1本の抵抗

[DVDの見どころ] **DVD番号：C-04**

- 実験 プルアップやプルダウンがないと何が起きるか？
- 講義 プルアップもプルダウンもしていないマイコンの入力端子はなぜ勝手に値を変えるのか

〈編集部〉

プルダウン(pull-down)，プルアップ(pull-up)とは，マイコンや回路の入力端子や出力端子を，電源またはグラウンドに，直接または抵抗を介して接続する処理のことです．

● 役割① 誤動作や破壊から守る

マイコンの入力端子の内側には，**図1**に示すCMOS(Complementary MOS)と呼ばれるトランジスタ2石の回路があります．CMOS回路の入力V_{in}と各部の電流は**図2**のようになります．CMOS回路の出力は，入力電圧が$(1/3)V_{CC}$以下のとき"L"，$(2/3)V_{CC}$以上で"H"になります．その中間では，PMOS(Q_1)とNMOS(Q_2)の両方に電流が流れて，電源とグラウンドがショートし，大電流(貫通電流という)が流れます．貫通電流が発生し続けると，熱暴走など好ましくない異常動作が発生して，最終的に壊れてしまいます．

対策は簡単です．V_{in}と電源(またはグラウンド)と

の間に抵抗を追加します．これだけで，V_{in}が中間電位にならないようになり，貫通電流は止まります．

以上の理由から，マイコンをはじめとするCMOSロジックICの使わない入力端子は，電源またはグラウンドに接続しておく必要があります．

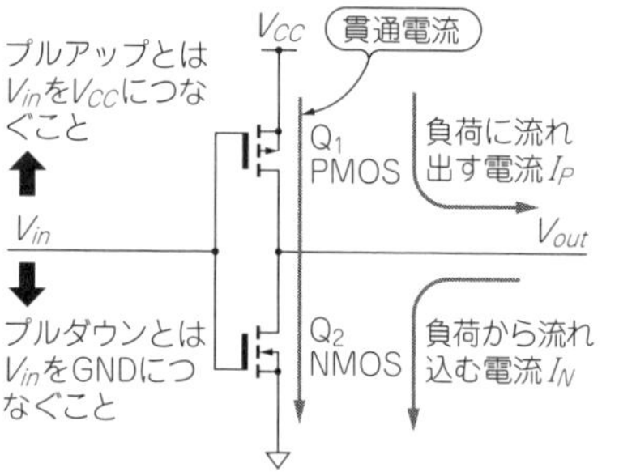

● 役割② はっきりした動作になる

プルダウン，プルアップは，論理("H"なのか"L"なのか)をはっきりさせる役割もあります．

図3に示すのは，マイコン回路でよく使われる，キー・マトリクスです．マイコンの限られたポートを使って，たくさんのキーのON/OFFを読み取る入力回路です．どのキーも押されていないとき，入力ポートとそこにつながる配線はハイ・インピーダンス(Hi-Z)で，"H"でも"L"でもない状態です．ハイ・インピーダンスな信号ラインは，小さなノイズが乗ってきやすく，実際にノイズが乗ると，その信号ラインが"H"になったり，"L"になったりして安定しません．

キー・マトリクスは，電源またはグラウンドに抵抗を介してつないで，キーが押されていないときでも電位を安定させる必要があります．抵抗は$10k\Omega$程度が標準的です．基板のスペースを食わない，プルアップ抵抗を内蔵したマイコンもあります．〈漆谷 正義〉

(初出：「トランジスタ技術」2018年4月号)

図1 CMOS回路と各部の電流
PチャネルMOSFETとNチャネルMOSFETを直列にした回路素子がたくさん使われる

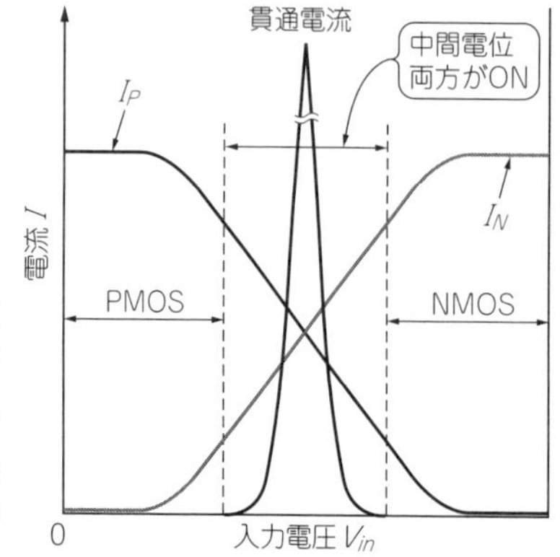

貫通電流
V_{CC}
プルアップとはV_{in}をV_{CC}につなぐこと
Q_1 PMOS
負荷に流れ出す電流I_P
V_{in}
V_{out}
プルダウンとはV_{in}をGNDにつなぐこと
Q_2 NMOS
負荷から流れ込む電流I_N

図2 CMOS回路の入力電圧とドレイン電流
V_{in}がV_{CC}とGNDの中間電位になると，両方のMOSFETがONして大きな電流が流れる

I_P
貫通電流
中間電位 両方がON
電流 I
I_N
PMOS
NMOS
0
入力電圧 V_{in}

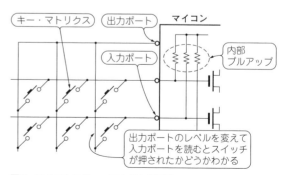

キー・マトリクス　出力ポート　マイコン
入力ポート
内部プルアップ
出力ポートのレベルを変えて入力ポートを読むとスイッチが押されたかどうかわかる

図3 マイコンのキー・マトリクス回路
キー入力がないときの"H"レベル／"L"レベルを確定させるためにプルアップが必要

直伝！匠の技 ⑯ 基本ディジタル回路の実験① インバータを利用した水晶発振回路

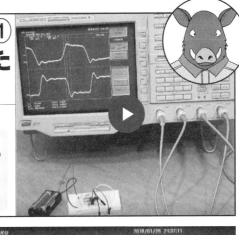

[DVDの見どころ] DVD番号：C-05
- 講義 インバータを使った発振のしくみ
- 実験 水晶発振回路の出力をオシロスコープで確認する
- 実験 水晶発振子を交換して出力波形を確認する
- 実験 インバータを交換して出力波形を確認する

〈編集部〉

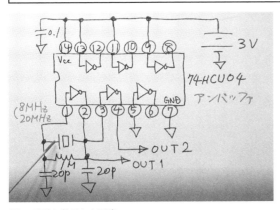

図1　実験に使用した回路

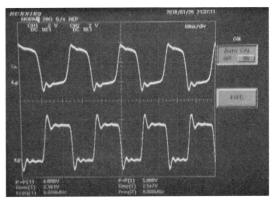

図2　波形の例

直伝！匠の技 ⑰ 基本ディジタル回路の実験② フリップフロップを利用した分周回路

[DVDの見どころ] DVD番号：C-06
- 講義 Dフリップフロップを使った分周のしくみ
- 実験 ブレッドボード上で動作させてオシロスコープで確認する
- 実験 クロック周波数を変化させて波形の変化を確認する

〈編集部〉

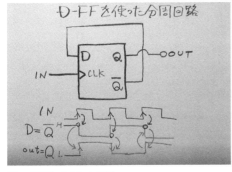

図1　実験に使用した回路

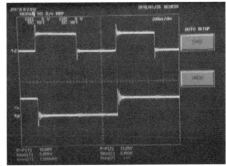
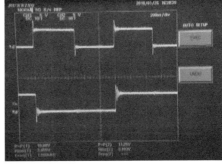

図2　波形の例

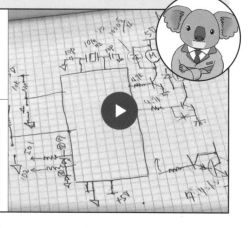

打ち合わせでササッと手描き！回路図の描き方

[DVDの見どころ]　DVD番号：D-01〜04

- 実演 CPUと入出力回路を手描きでサッと描く
- 実演 OPアンプを使ったアナログ回路の描き方例
- 講義 バス記号を使ったディジタル回路の描き方例
- 講義 極性のある部品 / ない部品の示し方

〈編集部〉

● 手描きスキルはけっこう役に立つ

　CAD全盛の現代といっても，回路図を手描きする機会がなくなったわけではありません．設計前の打ち合わせの際にノートやホワイト・ボードに回路図を描いて説明したり，認識を共有したりすることはよくあります．回路をCADに落とす前に部分的な構成などをノートに描いて確認したりすることもあります．ここでは，そのような場合に使える，回路図の描き方の基本を紹介します．

● CPU＋入出力回路の典型例

　図1に入出力回路を伴うCPUの回路の例を示します．スイッチ入力が2点，外部入力が2点，トランジスタによるモータ駆動出力が1点，リレー・コイルを駆動する出力が1点，という構成になっています．動画D-01で手描きしたものを，CAD（Computer Aided Design）ツールで起こし直しました．

　CADに入力する場合は電源入力や平滑コンデンサなどもすべて入力する必要がありますが，手描きで設計検討を行っている段階では，既定のこととして省いてかまいません．

　配線の交点には必ず黒丸を描きます．黒丸がないところは，線が交わっていても接続されていないとみなします．

● 信号の流れ

　図2に，OPアンプを使ったアナログ回路の例を示します．図中の①〜③の矢印線は信号の流れ方向を示します．基本的には信号の流れが「左から右」，「上から下」になるように部品記号を配置しますが，ICのピン配置の関係などにより，そういうわけにいかないことも多いです．そんな場合は流れの向きにこだわり

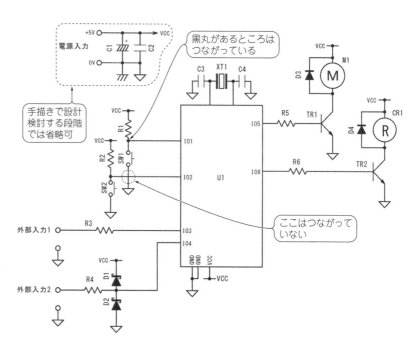

電源入力

黒丸があるところはつながっている

手描きで設計検討する段階では省略可

ここはつながっていない

図1　入出力を伴うCPUの回路の例
スイッチ入力SW1・SW2はプルアップされているので，スイッチをONにしたときにI/OピンがOV（"L"）になる．なお，プルアップ抵抗を内蔵しているCPUを使う場合は，プルアップ抵抗（R1，R2）を省略することができる

すぎず，後になってもわかりやすいように描くとよいでしょう．

接続点が離れている場合などは，無理に線でつながずにラベル記号を使う方法もあります．ただし，線をつなげる場合に対して，直感的なわかりやすさは低下するように思います．

● ディジタル回路で使われる「バス記号」

現在はディジタル回路といってもロジックICの出番は少なくなり，FPGAやワンチップCPUが使われることがほとんどです．昔は，CPUとメモリのチップが分かれている場合は回路図上にデータやアドレスのバス記号がずらっと並んでいたものですが，ワンチップのCPUを使う場合が多くなり，そのような回路図を見ることも少なくなりました．

そんな中でも，7セグメントLEDやLEDマトリクスのドライブ回路ではバス記号が健在です（図3）．これらの表示器には多くのLEDが使われており，対応するLEDを1個ずつI/Oで駆動したのでは，I/Oがいくらあっても足りません．そこで昔から用いられている回路が，マトリクスによる時分割点灯です．

● 極性のある部品の描き方

極性のある部品は，図面上でそれがはっきりわかる必要があります（図4）．電解コンデンサやダイオードなどの部品の極性を間違えると，部品が発熱して壊れたり，システムそのものが破壊されてしまう場合もあ

ります．

極性の示し方は部品によって異なります．線色で極性を示しているものやピン番号で示してあるものなどいろいろです．必要に応じて，図面上にそのことを書き入れます．

▶ スピーカにも極性がある

普段あまり気にしないで使っている，極性のある部品がスピーカです．モノラルで1つだけ使う場合は，逆でもほとんど問題は起きません．しかしステレオの片方のチャンネルだけ相が逆だと，コーンの動きが互いに反対に動くので，聞いていて立体感がなかったり，聞く位置によってボーカルなどが聞こえにくくなったりするので，注意が必要です．

▶ 無極性であることを明記したほうがよい場合も

反対に，無極性であることを明記したほうがよい場合もあります．電解コンデンサは一般的に極性があるのが普通ですが，無極の電解コンデンサも存在します．無極の電解コンデンサを使用する場合はわざわざ「N.P.」（non porality）と書いて，無極性であることを示します．

〈今関 雅敬〉

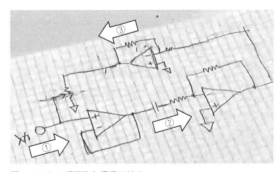

図2　アナログ回路と信号の流れ

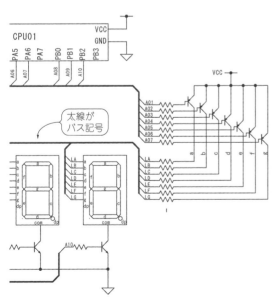

図3　バス記号を使った回路図表記の例（一部）
7セグメントLEDによる多桁表示マトリクスを，バス記号でCPUにつないでいる

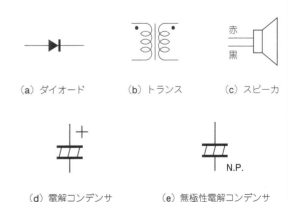

（a）ダイオード　　　（b）トランス　　　（c）スピーカ

（d）電解コンデンサ　　　（e）無極性電解コンデンサ

図4　極性のある部品/無極性の部品の記載例
トランスは巻き線の巻き始めの端子に黒丸印をつけて表す

ブレッドボードにもユニバーサル基板にも応用できる！実体配線図のすすめ

[DVDの見どころ]　DVD番号：D-05

- 実演 ブレッドボード内部の配線はこうなっている
- 実演 ブレッドボードAMラジオの製作
- 実演 部品が整然と並んだ美しい試作基板の作り方

〈編集部〉

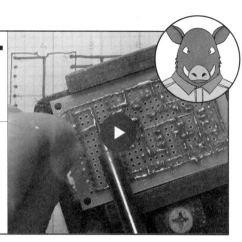

① 部品やジャンパ線を挿入するだけ！ブレッドボード

図1に示すのは，ワンチップICで作ることのできるAMラジオ回路です．付録DVDでは，この回路を例に，部品を挿入するだけで回路を組めるブレッドボードの使い方を紹介しています．はんだ付けは不要です．

図2に実体配線図を示します．このとおりにブレッドボードに部品を挿していけば，小学生でも1時間ほどで音を鳴らすことができます．

図1では，電池につながる＋側の電源ラインは，接続先が2つだけです．グラウンドの接続先は12本あります．図2では，上下のラインをグラウンドとして利用しました．ビニール線の代わりに5～8mmの，コの字形ジャンパ線を使うと配線がスッキリします．

ブレッドボードであっても，実体配線図を描けば，理想的な配線経路を実現できます．

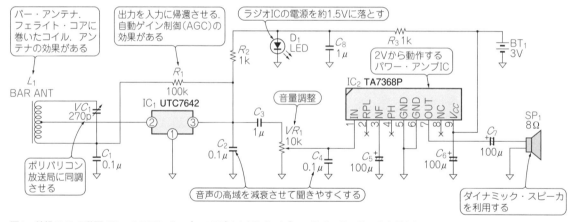

図1　付録DVDの動画では，このワンチップAMラジオを例にしてブレッドボードの使い方を紹介している
3Vで動作するので非常用にも使える

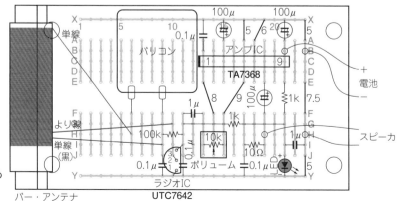

図2　実体配線図があれば回路図が読めなくても作ることができる
図1のワンチップ・ラジオを実装した

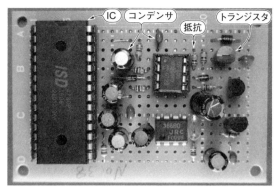

写真1　ユニバーサル基板に部品を挿入し終えたところ
図3を見ながら部品を挿入する

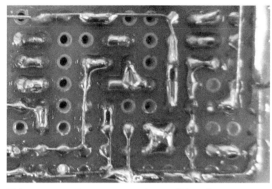

写真2　DVDに動画あり！ユニバーサル基板の裏面ははんだでつないでいく
めっき線の上をはんだで盛る

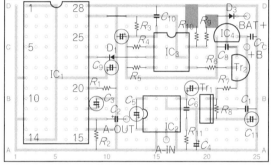

図3　部品を挿入する前に，手間でも実体配線図を描くとバランスのいい美しいレイアウトで仕上がる
部品面からの透視図で描く

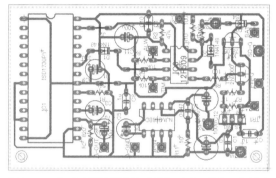

図4　ユニバーサル基板で実験して成功したら，そのレイアウトを参照しながら，プリント基板のデータを作成する

電気・電子
アナログ
ディジタル
製作実習
測定
回路実験
基板・雑音
RF
電源回路
放熱
センサ
高精度A-D

② ユニバーサル基板とはんだジャンパ線

　プリント基板は，CADを使って作成したデータ（ガーバ・データという）を製造メーカに提供して作ってもらう必要があるので，完成品を手に入れるまでに1週間ほどかかります．

　ユニバーサル基板があれば，こんな手間なことをしなくても，プリント基板と同等なものを作ることができます．ブレッドボードは無駄な配線が多くなるので，アナログ性能が出ないことがありますが，ユニバーサル基板ならうまく作れば，プリント基板に近い性能を出すことが可能です．ただし，はんだ付けが必要です．

　写真1に示すように部品を挿入し終えたら，基板を裏返してはんだを使って配線していきます（写真2）．

　部品面とはんだ面には，ビニール線による配線がありません．ICなどの電子部品は，一度はんだ付けすると簡単には取り外せないので，実体配線図なしで試行錯誤してもうまくいきません．

　このようなときは，図3に示す配線パターンを作ります．図3は，部品面から見た図です．回路図を見ながら，部品を配置し，配線パターンを描いていきます．

目の粗い方眼紙に鉛筆で描きます．うまくつながらないときは，消しゴムで消して何度も描き直します．

　次に，図3を見ながら，写真2に示すように部品を挿入して，裏面の端子をはんだで固定します．

　配線は，抵抗などのリード線かめっき線を使います．図3を裏返して，反対の面から光を当てます．配線パターンが透けて見えるので，マジック・インキでなぞると，はんだ面から見た図が完成します．これを見ながら，前述した写真2のようにめっき線で配線します．めっき線の上からはんだを溶かし込んでいきます．接触不良を防ぐために，めっき線をすべてはんだで盛ります．

③ 性能も間違いなし！プリント基板

　プリント基板は，データを作成したりメーカに発注したり，手間がかかりますが，一番良いアナログ性能を引き出すことができ，その性能が長持ちします．

　図4は，図3を見ながら基板CADで入力した配線パターンです．配線パターンが図3と瓜二つであることに注目してください．　　　　〈漆谷　正義〉

（初出：「トランジスタ技術」2018年4月号）

My firstはんだ付け
3種の神器

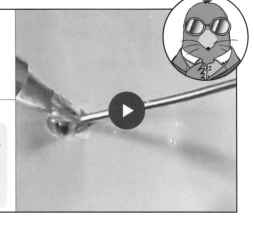

[DVDの見どころ] DVD番号：D-06

- (実演) はんだがサッとなじむ！「フラックス」の効果
- (実演) 酸化皮膜が厚くてもOK！ステンレス専用フラックスの効果

〈編集部〉

はんだ付けには，金属，はんだ，フラックスの3つの材料と，はんだと接合部分を加熱する，はんだこてが必要です．これら材料やはんだこてなどの道具の基本について解説します．

① フラックス

金属の表面は，大気中の酸素と触れることで，酸化皮膜ができます．酸化皮膜があると，はんだをはじいてしまい，ぬれ（接合性が良い状態）がおこらず合金層ができません．酸化皮膜を取り除く働きをするのがフラックスです（写真1）．

フラックスには次の効果があります．

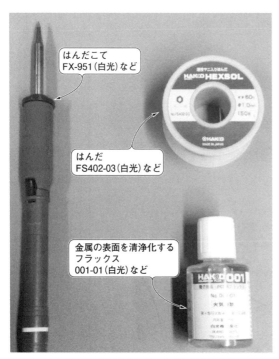

写真1　はんだ付けに利用するフラックスやはんだこて
フラックスで酸化皮膜を取り除くと，ぬれが生じて接合性が良くなる．
電子機器に使用するフラックスは，主に樹脂（ロジン）系が使われている．
フラックスやヤニ入りはんだの効果は動画で見ることができる

- 金属表面の清浄化（酸化膜を取り除く）
- 金属は高温の状態で空気に触れると酸化速度が速くなるので，フラックスが接合部を覆うことで，空気と遮断し酸化を防止する
- はんだの表面張力を下げ，金属へのなじみを助け，ぬれを促進する

フラックスは油成分を取り除かないので，アルコールなどを使い，金属表面をきれいにしておくことが重要です．

フラックスには腐食の少ないものと強いものがあるので，用途や金属の種類に合わせて選択します．

金属の中には，アルミやステンレスのようにはんだ付けが難しいものがあります．電子機器に使う基板，電子部品，端子などは，はんだ付けしやすい金属（スズ，銀，金など）でめっきによる表面処理を行い，ぬれ性を良くしています．はんだ付けが難しいステンレスでも，特殊なステンレス用フラックスを使えばはんだ付けできます．

② はんだ

一般的にはんだは，スズ（Sn）と鉛（Pb）の合金です．すずと鉛の配合比により溶ける温度やはんだ付けの強度が変わります．ヤニ入り（樹脂）はんだと呼ばれる糸はんだには，内部にフラックスが入っています．はんだ付けしやすい金属なら，内部のフラックスだけで接合できます．

線径の大きいヤニ入りはんだは，一度に大量のはんだが溶けるため瞬時に接合箇所に広がります．はんだ付け部分に対して線径が大きすぎると，はんだ過多になります．線径が細いほうが，はんだ量が調節しやすいです．しかし，はんだを送る時間が長くなったり，はんだ不足になったりするので，はんだ付け部分の大きさや，用途に応じて線径を選択します．

はんだの中には，鉛が入っていない「鉛フリーはんだ」があります．最近，家電リサイクル法が施工されました．その背景には，家電などの不法処理により，基板に含まれている，はんだから鉛イオンが溶け出し，

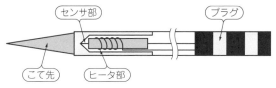

図1 ヒータ・センサ一体型のはんだこての構造
こて先とセンサを密着させることにより，こて先の温度変化を捉えやすく，熱供給が早くなる

地下水や河川を汚染するといった環境問題があります．このことからエレクトロニクス業界をはじめ各分野ではんだの無鉛化を進めています．

③ はんだこて

　電子機器に使うはんだこては，電子部品を熱で壊さないように温度センサを使ってヒータへの通電を制御します（図1）．写真2に示すようなこて先の温度を調整するタイプのはんだこてが主流です．

　はんだこては，対象部品や用途を考えて選択します．表1に目安を示します．

　こて先形状や熱容量の選択が重要です．こて先の大きさ（太さ）や先端形状は，はんだ付け対象物の大きさ

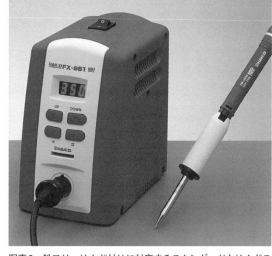

写真2　鉛フリーはんだ付けに対応するスタンダードなはんだこて FX-951（白光）

に合わせます．はんだこては，48 W，70 W，300 Wなどの中から，はんだ付けする材料の大きさなどによ

金属と金属が一体化！ はんだ付けの科学　　　　　　　　　**Column 1**

　はんだ付けは，ろう付けという金属の接合法です．母材金属より融点が低く，母材となじみの良い合金，または純金属のろう材を使って金属接合することをろう付けと言います．ろう材の融点が450℃未満のろう材を使う場合は，はんだ付けといいます．

　ろう付けの歴史は古く，紀元前4000年ころの遺跡から，ろう付けの痕跡が発見されています．

　はんだ付けには，母材金属（基板や電子部品），はんだ，フラックス，3つの材料が必要です．これらの3つの材料を加熱すると，フラックスが金属表面

の酸化膜を取り除きます．次にはんだが溶けます．はんだが母材金属の表面に広がり，なじんでいきます．この状態を「ぬれ」が生じると言います．このとき，はんだと金属の間で，毛細管現象，溶解，拡散現象により合金層を作ります．このうち，拡散現象の役割が最も大きいです．

　拡散現象とは，図Aに示すようにはんだ成分の1つ「スズ」と母材金属の拡散により，金属間化合物（合金）を作り，接合する現象のことです．

〈長本 正則／平谷 幸崇〉

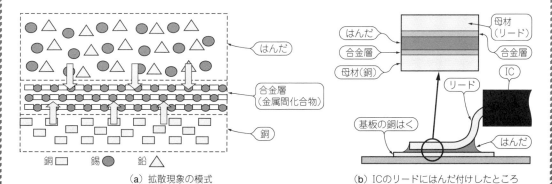

（a）拡散現象の模式　　　　　　　　（b）ICのリードにはんだ付けしたところ

図A　合金層を作る役割を一番果たしている拡散現象
金属原子は温度が十分に高くなると，ある格子点から他の格子点へ自由に移動する．この現象を拡散という．はんだ成分中のSn（スズ）と母材成分中のCu（銅）がお互いに移動し合っていることを表す．このときに金属間化合物が生成されてはんだ付けが完成する

表1 はんだやこて先の形状は部品やランドの大きさに合わせたはんだ径を使用することにより，はんだ量が調整しやすくなる

φ8mmのようにランド径の大きな基板に，φ0.3mmのように線径の細いはんだを使用すると，はんだ供給時間が長くなり，部品の熱破損やランドの剥離といった不具合につながる．QFPのようなリード間ピッチが狭い部品に，φ1.2mmのような線径の太いはんだを使用すると，ブリッジなどが発生しやすくなる

部 品	ランド径	こて先幅	はんだ径	設定温度
金属皮膜固定抵抗器 0.5 W（アキシャル・リード形）	φ3.5 mm	2.4D	0.8 mm	330℃
金属皮膜固定抵抗器 0.25 W（アキシャル・リード形）	φ2.5 mm	1.6D	0.5 mm	330℃
セラミック・コンデンサ（ラジアル・リード形）	φ2.5 mm	1.6D	0.5 mm	330℃
DIP	φ1.4 mm	1.6D	0.5 mm	310℃

（a）手付けしやすい挿入部品

部品例	こて先幅	はんだ径	設定温度
チップ・タイプの固定抵抗器 1608，1005	1.2D	0.3 mm	320℃
チップ・タイプのタンタル・コンデンサ 7343	1.2D	0.5 mm	320℃
64ピンのQFP，ピン間隔0.5 mm	1.2D	0.3 mm	320℃
16ピンのSOP，ピン間隔1.25 mm	1.2D	0.3 mm	320℃

（b）表面実装部品

って，適当なものを選びます．こて先が同じ場合，W数が高いほうが熱供給スピードが早くなります．

〈長本 正則／平谷 幸崇〉

（初出：「トランジスタ技術」2018年4月号）

直伝！匠の技 ㉑

ひたすら基本に忠実！こて老舗の神業はんだ付け

[DVDの見どころ] DVD番号：D-07～08

- 実演 大／中／小のリード部品はんだ付け
- 実演 チップ部品からICまで…表面実装部品はんだ付け
- 実演 QFPパッケージICのリードを一気にはんだ付けする「流しはんだ」
- 実演 ICのリードにできたブリッジの修正〈編集部〉

● 良好なはんだ付け

　はんだ付けが良くないと，回路がショートしたり，部品が劣化したりします．はんだ付けの良し悪しは回路の電気特性や品質にも影響するので，見た目良くきれいに付けるのが理想です．

　写真1にはんだ付けの例を示します．良いはんだ付けは次の条件を満たしています．

- 熱の与え方が適切で，つや，光沢がある
- ぬれとはんだの量が適切である
- でこぼこ，ひび割れ（クラック），はんだ量不足，穴あきなどがない

　ひび割れやはんだの量に不足があると，はんだ付け部の接合強度が低下します．

（a）挿入部品の良い例

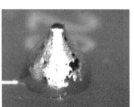

（b）挿入部品の悪い例

（c）QFPパッケージICの良い例

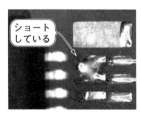

ショートしている

（d）QFPパッケージICの悪い例

写真1 はんだ付けは回路特性や品質に影響するので，見た目よくきれいに付けるのが理想である
（b）ははんだ量過剰である．（d）のはんだブリッジは回路のショートにつながる不良である

①ランドの余白が均等になるように置き，4辺の対角を仮止めする

②フラックスをリードにたっぷりと塗布する

③はんだは基板に沿って（寝かせ気味で）送ると，はんだ量が調整しやすい

写真2　表面実装タイプのQFPパッケージICのはんだ付け手順
①は，1カ所を仮止め後，他辺のリード位置ずれがないかを確認して丁寧に行う．動画ではんだ付けを見ることができる．SOPやチップ部品のはんだ付けも確認できる

● はんだ付けと温度の関係

はんだ付けの一般的な条件を次に示します．

- はんだを供給するタイミングは，対象物の温度がはんだの融点まで加熱された時点が最適である
- はんだ付け部周辺がはんだの融点から40～60℃高い温度ではんだ付けを行うと良い合金ができる
- QFPなどのパッケージ部品は，一般的に耐熱温度が約260℃となっている．電子部品の安全性を考えると，はんだ付け部温度は250℃くらいが望ましい
- はんだこては，こて先の温度を270～420℃の間で設定でき，温度調整できる製品がよい

温度調整機能がないと，電源を投入してから，こて先温度が飽和状態になる（安定する）まで時間がかかります．こて先温度の立ち上がりスピードが遅いので，大きな熱容量が必要なはんだ付けや連続作業には向きません．

温度調整機能があると，こて先温度の立ち上がりが早く，すぐに作業を始められます．部品に合わせて温度の設定を変更できるので，部品の熱破壊や基板を損傷するリスクを低減できます．

● 事例

▶挿入部品

図1に挿入部品のはんだ付け手順を示します．

▶QFPパッケージのIC

はんだ付けのポイントは次の通りです．

- はんだは基板に沿って（寝かせ気味で）送る
- はんだ付けするときは，こて先角度は基板に対して45°が基本．若干基板方向に寝かせ気味にしてみると，熱が伝わりやすくなる場合もある

リード部品の場合，部品を置く前にランドへフラックスを塗布します．設置後にはリードにもフラックスを塗布するとよいです．

写真2にQFPパッケージICのはんだ付け手順を示します．

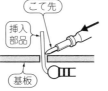
①接合部を加熱する

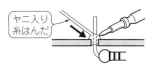
②接合部がはんだの融点になってからはんだを供給する

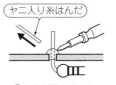
③はんだ量を確認し，はんだを引く

④こてを引く

図1　挿入部品のはんだ付けの基本手順
動画ではんだ付けを見ることができる．
①は部品のリードと基板のランドを同時に加熱する

▶SOPパッケージのIC

はんだ付けのポイントは次の通りです．

- ランドの余白が均等になるように置き，2辺の対角を仮止めする
- はさみはんだ付けの場合，こて先は寝かせ気味にし，その先端とリードの先端ではんだを挟む．そのときのこて先の接触時間は長くなりすぎないようにする
- ぬれの広がりやはんだ量を確認し，こて先は基板に沿って引き戻す

＊　　＊

前述したICの手順のほか，チップ部品のはんだ付け方法も付録DVD-ROM内の動画で確認できます．

〈長本 正則／平谷 幸崇〉

（初出：「トランジスタ技術」2018年4月号）

生け捕り2刀流！必殺フラットパッケージはがしの秘技

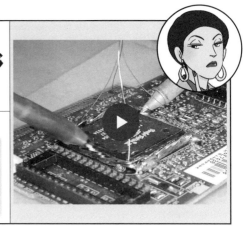

[DVDの見どころ] DVD番号：D-09〜11

- 実演 IC取り外しの必須アイテム！ より合わせた銅線の作り方
- 実演 スゴ技！ SOPパッケージICの取り外し方
- 実演 スゴ技！ QFPパッケージICの取り外し方

〈編集部〉

本稿では，特殊な機材を使わずに，表面実装パッケージのICを基板から取り外す方法を紹介します．SOP，TSSOP，QFPなどのパッケージであれば取り外せます．

表面実装パッケージのICの取り外しは，温風ヒータで暖める方法がよく利用されています．この方法は，温風でターゲットIC以外の部品が熱せられてしまい，コネクタが変形したり，電解コンデンサの絶縁被覆がはがれたりすることがあります．ピンのはんだ付け部分よりIC本体の方が高温になることも多いので，ICが壊れて再利用できないこともあります．

本稿で紹介するのは，ターゲットIC以外への影響が小さい方法です．慎重に作業すれば，取り外したICを再利用できます．

● 準備

▶①はんだごて

熱容量がなるべく大きいタイプのはんだごてが好ましいです．出力は70Wくらいあるとよいです．はんだごては，20ピンくらいまでのICなら1本，大きめのQFPでは2本必要です．

▶②太めのヤニ入りはんだ／ピンセット／はんだ吸い取り線

▶③直径0.5mm程度の銅線

スズめっき線でも，単芯のビニール線をむいたタイプでもよいです．

▶④直径0.1〜0.3mmの銅線

エナメル線でも，より線をほぐしたものでもよいです．

● 作業手順

▶①ICのピンとパッケージの隙間に細い銅線を通す

2辺に線を通したら，写真1(a)に示すように上のほうをより合わせてピラミッド状にします．多少いびつでも構いません．

▶②約0.5mmの銅線をより合わせたものをICのピンのまわりに合うように折り曲げてはめ込む

写真1(b)に，より合わせた銅線をICの周辺にはめ込んだ状態を示します．ここは大事なところなので，丁寧に作業してください．

より合わせる線の数は，20ピンくらいなら6本，大きめのQFPなら7〜8本くらいです．単線でもよいのですが，硬くて作業がしにくいです．

▶③はめ込んだ銅線とICのピンに，まんべんなくはんだを流し込む

写真1(c)に示すようにすべてのピンにはんだが流れるようにします．はんだが行き渡っていないピンが

（a）①ICのピンとパッケージの隙間に銅線を通し，持ち上げやすくするためピラミッド形状にする

隙間に銅線を通す

（b）②より合わせた銅線をICの周囲にはめる

（c）③銅線とICのピンにはんだを流し込む

（d）④こて先でICを押して動くようなら，ピラミッドにこてを入れて素早く持ち上げる

写真1　100ピン超のQFPパッケージを取り外すときの手順
はんだごてが2本あれば，特殊な機材を使わなくてもICを取り外しできる

あると，ICを外したときにパッドが剥がれます．導線の継ぎ目もはんだで埋めます．

▶④こて先を銅線ピラミッドの中に入れてICを持ち上げる

はんだこての先でICを少し押してみます．ICが動くようならピンとパッドの間のはんだが融けているので，**写真1(d)**に示すようにこて先を銅線ピラミッドの中に突っ込んでICを持ち上げます．

▶⑤ICのピンまわりをきれいにする

はんだこてとはんだ吸い取り線で余計なはんだを取り除き，アルコールでフラックスを取り除きます．

銅線の枠は，掃除すれば何度でも使えます．はんだも再利用できます．

* *

BGAなどピンが外部に出ていないICだと，この方法では取り外すことができません． 〈登地 功〉

(初出：「トランジスタ技術」2018年4月号)

直伝！匠の技 ㉓ 料理の次ははんだ付け？台所リフロの秘技

[DVDの見どころ] DVD番号：D-12

- 実演 準備が重要！基板のランドと部品の端子に予備はんだする
- 実演 ホット・プレートの温度測定
- 実演 スゴ技！SONパッケージの位置合わせと実装 〈編集部〉

写真1に示すSONパッケージのようなICは，端子が裏面にあり，手作業でのはんだ付けができません．ホット・プレートを利用すると，自宅や実験室でリフロ実装できます．本稿ではそのリフロ方法を紹介します．

● 熱はホット・プレートの温度目盛りで管理する

はんだ付けは，温度管理が重要です．ホット・プレートは，170〜230℃の温度目盛りが付いた製品を選びました．放射温度計で測定したところ，誤差はほとんどありませんでした．

● 裏ワザの極意は予備はんだ

写真2のように，はんだこてを使ってランドに予備はんだをしておくことがポイントです．事前にフラックスをよく塗っておきます．

● 低融点はんだは部品を傷めない

鉛フリーはんだは融点が高く，部品を傷める恐れがあるので，ホット・プレートのリフロでは融点の低い鉛入りはんだを使うことになります．しかし，料理道具と鉛は相性が悪く，時代にもマッチしないので，今回は低融点鉛フリーはんだを使いました．融点は140℃です．

写真3はホット・プレートで加熱してICを実装しているところです．

写真4に実装が完了した基板を示します．

* *

基板実装メーカに頼むと納品まで1カ月はかかりますが，この方法だと1日で終わります．今回は30個作って，不良は2個だけでした． 〈漆谷 正義〉

(初出：「トランジスタ技術」2018年4月号)

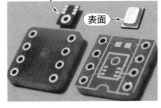

写真1 本稿の例題…SONパッケージのICと基板

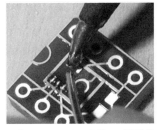

写真2 フラックスを塗って予備はんだをする
クリームはんだではうまく行かない

写真3 ホット・プレートで加熱して実装する
位置合わせのシルクに合わせて載せる

写真4 SONパッケージIC実装後の基板

第5章　測定器やプローブの使い方

直伝！匠の技 ㉔ 基本に忠実に！ディジタル・マルチメータの作法

[DVDの見どころ] DVD番号：E-01

- [実演] ディジタル・マルチメータによる抵抗値の測定方法
- [実演] Nullボタンによるリファレンス調整
- [実験] 測定レンジの変更により内部抵抗が変化して電流測定誤差が大きくなる　〈編集部〉

● 思惑どおり回路が動いているかどうかを確かめる

メカでも電気回路でも，今では電子回路シミュレータなどを活用して設計するのが一般的になりました．でも実際に作ると，設計した通りに回路が動かなかったり，誤動作したりすることがあります．

うまく動かない原因は，部品のばらつき，温度変化の影響，寄生容量や寄生インダクタンス，外部からのノイズ，電源電圧やグラウンド電位の変動など，さまざまです．

電子回路が設計通りなのか，実際にどういう状態になっているのかは，測定器を使って実験します．

ディジタル・マルチメータ（ディジタル・テスタ）は電圧・電流・抵抗を測定できる基本中の基本の測定器です．ホーム・センタで入手できる数千円の低価格なタイプから，100万円を超える高確度のタイプまであります．高価格なタイプは測定モードが増え，確度も高いですが基本的な原理は低価格タイプと同じです．

ディジタル・マルチメータは，直流，変化スピードが遅い交流電圧や電流，抵抗値を確度高く測定するのに適しています．

● 桁数が多い機種でも確度は測定モード次第

表示桁数が多い高価なモデルは確度高く測定できるイメージがあります．しかし，測定モードや被測定回路との関係によっては，予想を大きく超える誤差が発生します．

▶直流電圧が最も高確度

ディジタル・マルチメータの確度は，何を測るかで大きく異なります．一番高い確度が得られるのは直流電圧です．

▶交流電圧は確度が落ちる

交流電圧は「交流から直流への実効値変換」を行ったあとの直流電圧を測定するため，確度は低下します．周波数でも大きく変化します．

▶電流測定は電圧測定より少し確度が落ちる

直流電流と交流電流は，マルチメータに内蔵されている抵抗に電流を流し，発生する電圧降下を測定して，オームの法則で電流値を求めます．内蔵抵抗の誤差だけ確度は落ちます．抵抗が回路に与える影響で誤差が増えることもあります．

● 測定モードの選択とテスト・リードの接続

高確度／標準的なベンチトップ型のディジタル・マルチメータ ケースレー 2110（テクトロニクス）を例に，使い方を説明します．

測定モードによってテスト・リードの接続は変わります．正しく接続しないと危険なときもあります．

▶電圧測定

直流電圧を測るときは［DCV］，交流電圧を測るときは［ACV］を選択します（写真1）．

INPUTのLOに黒いテスト・リード，HIに赤いテスト・リードを接続します．テスト・リードは図1に示すように回路に並列に接続します．

▶電流測定

直流電流を測定するときは，シフト・ボタンを押してから［DCV］のボタンを押してDCIのモードを選択します．交流電流を測定するときはシフトを押してからACVのボタンを押してACIのモードを選択します．

電流測定では，テスト・リードの挿し込み方が電圧測定とは異なります．赤いテスト・リードを3Aまたは10Aの端子に挿します．3A，または5Aの端子からLO端子へ電流が流れるようにテスト・リードを回路と直列に挿入します（図2）．

● 電流測定は回路の動作に影響を与える

電流を測るときは，電流用の端子を回路に直列に挿入します．このとき，回路には直列の抵抗（シャント抵抗）が入るので，値を事前に確認しておきましょう（表1）．このマルチメータでは，10mAレンジと100mAレンジで5.1Ωとなっています．

電圧を測定するときは，回路に並列にマルチメータが接続されますが，表2に示すように入力抵抗は10MΩです．通常の測定ではあまり問題にならないでしょう．

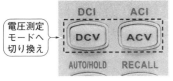

電圧測定モードへ切り換え

写真1　直流電流，または交流電流を測定するときは［DCV］，または［ACV］ボタンを押して測定モードを選択する
直流電流，または交流電流を測定するときはシフトを押してから［DCI］または［ACI］ボタンを押して測定モードを選択する

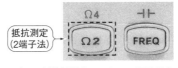

抵抗測定（2端子法）

写真2　抵抗値測定モードへの切り替えボタン
通常はΩ2のボタン

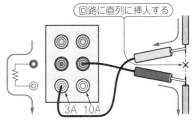

回路に直列に挿入する

3A　10A

図2　電流測定時のテスト・リード接続
電流測定ではテスト・リードの挿し込みが変わる．赤いテスト・リードを3Aまたは10Aの端子に挿す．電流は3Aまたは5AからLOに流れる方向になるようテスト・リードを回路に直列に挿入する

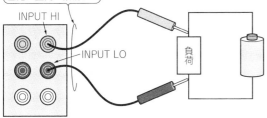

テスト・リードは回路に並列に接続する

INPUT HI

INPUT LO

負荷

図1　電圧測定時のテスト・リード接続
ディジタル・マルチメータのINPUTのLOに黒いテスト・リードを，HIに赤いテスト・リードを接続する

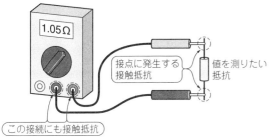

1.05Ω

接点に発生する接触抵抗

値を測りたい抵抗

この接続にも接触抵抗

図3　ディジタル・マルチメータで抵抗測定
INPUTのLOに黒いリードを，HIに赤いリードを接続する．高抵抗にテスト・リードを当てるときには指先が触れないようにする．身体の抵抗成分，数百kΩが並列に入って正しい値が測れない

表1　2110型の電流測定モードの仕様
電流測定では回路に直列に抵抗が挿入されるので回路のインピーダンスに影響がないか確認する

レンジ	分解能	シャント抵抗	確度±（読みの%+レンジの%）1年，18～28℃	温度係数0～18℃，28～40℃
10.0000 mA	0.1 μA	5.1 Ω	0.05 + 0.020	0.005 + 0.002
100.000 mA	1 μA	5.1 Ω	0.05 + 0.010	0.005 + 0.001
1.00000 A	10 μA	0.1 Ω	0.150 + 0.020	0.008 + 0.001
3.0000 A	100 μA	0.1 Ω	0.200 + 0.030	0.008 + 0.001
10.0000 A	100 μA	5 mΩ	0.250 + 0.050	0.008 + 0.001

表2　2110型の電圧測定モードの仕様
直流電圧測定では入力インピーダンスが10 MΩと大きな値である

レンジ	分解能	入力抵抗	確度±（読みの%+レンジの%）1年，18～28℃	温度係数0～18℃，28～40℃
100.000 mV	1 μV	10 MΩ	0.012 + 0.004	0.001 + 0.0005
1.00000 V	10 μV	10 MΩ	0.012 + 0.001	0.0009 + 0.0005
10.0000 V	100 μV	10 MΩ	0.012 + 0.002	0.0012 + 0.0005
100.000 V	1 mV	10 MΩ	0.012 + 0.002	0.0012 + 0.0005
1000.00 V	10 mV	10 MΩ	0.02 + 0.003	0.002 + 0.0015

● 抵抗値によって測定モードを切り替える

▶原理

　ディジタル・マルチメータを使えば簡単に抵抗値が測れます．抵抗モードにしてテスト・リードの両端を測りたい抵抗の両端に当てるだけです（図3）．

　抵抗を測るときは通常［Ω2］を選択します（写真2）．［Ω2］は2端子測定法です．

　INPUTのLOに黒いテスト・リードを，HIに赤いテスト・リードを接続します（電圧測定時と同じ）．

　抵抗測定の原理を図4に示します．ディジタル・マルチメータ内蔵の定電流源を使って，値を測りたい抵抗に電流を流します．一定の電流が流れるので，抵抗値に比例した電圧が発生します．この電圧を測って電流で割れば，抵抗値が求められます．

▶Ωオーダの抵抗値は4端子測定を使う

　Ωオーダの抵抗を測ろうとすると，数値が安定しません．これはテスト・リードの接触部で発生する接触抵抗が原因です．mΩオーダの抵抗に接触抵抗が直列に入ることになります．不安定なトータル抵抗に定電流が流れると，電圧が定まらず，表示される抵抗値も不安定になります．

　中級以上のディジタル・マルチメータでは図5に示すような4端子測定ができます．値の小さな抵抗を測るときの確度を上げることができます．ケースレー2110では，Ω4モード（シフト・ボタンを押してからΩ2のボタンを押す）を使います．

　図6のように，SENSE入力からのテスト・リードも接続します．接触抵抗がなくなったわけではありませんが，ディジタル・マルチメータ内部の電圧計の入力抵抗は接触抵抗より極めて大きいので，抵抗両端に発生した電圧を安定して測定できます．　〈渡邊 潔〉

（初出：「トランジスタ技術」2018年4月号）

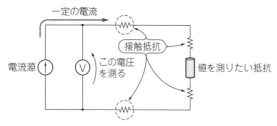

図4 ディジタル・マルチメータの抵抗測定の原理
ディジタル・マルチメータの基本要素は直流電圧計である．電圧計の確度に電流源の確度が上乗せされるので，電圧測定モードより確度が低下する．測りたい抵抗がΩレベルになると接触抵抗が無視できなくなる

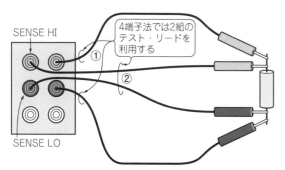

図6 4端子法では2組のテスタ・リードを使用する
SENSE入力に接続したテスト・リードも抵抗に接続する

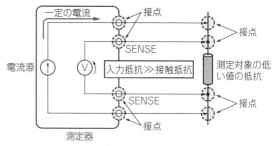

（a）接続のようす

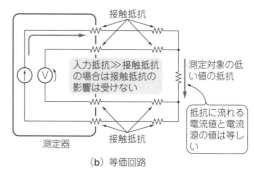

（b）等価回路

図5 Ωオーダの低い抵抗を測るなら4端子法で測定する
抵抗両端の電圧を別の配線でディジタル・マルチメータ内部の電圧計に接続する

直伝！匠の技 25

正しい波形観測①
電圧ドロボー！回路に気づかれない
プローブの使い方

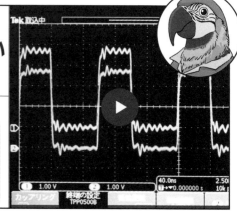

［DVDの見どころ］ DVD番号：E-02
- **実演** プローブはグラウンド・クリップを先に接続するのが定石
- **実験** 入力容量を2倍（10 pF×2）または11倍（10 pF＋100 pF）にして信号波形を比較してみる
　　　　　　　　　　　　　　　　　　　　〈編集部〉

● **プローブの減衰比が10：1なのはなぜ？**

「信号を取り出してオシロスコープに導く」，これがプローブの役目です．

オシロスコープ付属のプローブは10：1の減衰比です．振幅が1 Vの信号は，オシロスコープにつながるコネクタのところでは0.1 V（＝1/10）になります．

オシロスコープ本体の最高感度が1 mV/divだったとします．10：1のプローブを利用すると，10 mV/divへ感度が落ちます．

● **1：1プローブや同軸ケーブルではダメな理由**

低い周波数の信号を測定するときは，1：1のプローブや，同軸ケーブルがそのまま使えるときがあります．

同軸ケーブルの問題点を**図1**に示します．1 mあたり100 pFの容量があります．

1：1のプローブや同軸ケーブルによる接続は，回路に大きな容量が加わります．

図2は，1：1接続の等価回路です．オシロスコープの入力抵抗1 MΩは，多くの場合問題になりません．しかし，100 pF以上の容量は測定するデバイスに対して大きな負荷が付くことになり，回路の動作が大きく変わることがあります．

▶1：1プローブが回路に与える影響を見てみる

写真1（a）は，あるFPGAの信号を10：1のプローブで観測した例です．

写真1（b）に示すようにチャネル2に1：1のプロー

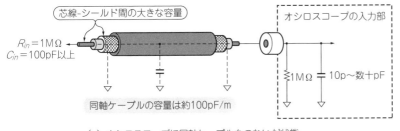
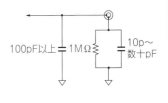

（a）オシロスコープに同軸ケーブルをつないだ状態　　　　　　　　　（b）等価回路

図1　同軸ケーブルの芯線と外側のシールドの間には1m当たり約100pFの容量がある

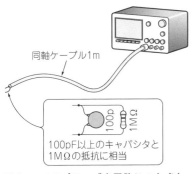
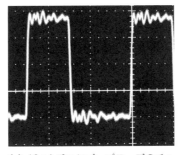
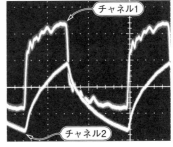

図2　1：1のプローブを回路につなぐと，1MΩの抵抗と100pF以上のコンデンサが並列に接続されるのと同じである
コンデンサ100pFのインピーダンスは1MHzで1.6kΩ，100MHzでは16Ωにまで低下する

（a）10：1パッシブ・プローブのチャネル1波形

（b）1：1プローブをチャネル2にも接続したときの波形

写真1　10：1のプローブでは正しい波形が得られているが1：1のプローブは入力容量の影響で波形が鈍る
FPGAの出力信号をオシロスコープMDO3054（テクトロニクス）と付属の10：1パッシブ・プローブTPP0500で観測した．（b）のチャネル2の波形は周波数帯域が足らずさらに鈍る

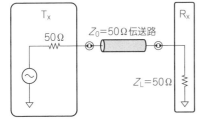

図3　高速伝送では信号をスムーズに伝送するためにインピーダンス・マッチングする
出力インピーダンス，伝送路のインピーダンス，負荷インピーダンスを等しくする．ノート・パソコンのヒンジを通る映像信号では，この原理を差動にしたLVDSなどが使われている

図4　オシロスコープに付属する10：1のプローブでは入力抵抗10MΩ，入力容量は10pF程度である
図2の1：1プローブでは入力抵抗1MΩ，入力容量100pFなので，10：1のプローブでは10倍改善する

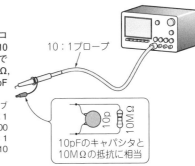

10pFのキャパシタと10MΩの抵抗に相当

ブを取り付けて同じ信号を観測してみると，新たに加えた1：1プローブの影響がわかります．

● Gbps超の高速信号のプロービング

　Gbps超のUSB信号やHDMI信号は，専用ケーブルで直結しています．図3では，出力，伝送線路，入力のインピーダンス・マッチングがとれていて，エネルギをスムーズに伝送できる接続になっています．マッチングがとれていると，反射や減衰がなく，Txからの信号エネルギがすべてRxに伝わります．

● 10：1のプローブは回路の動作に与える影響を小さくできる

　理想的なプローブの条件は次のとおりです．

●入力抵抗はできるだけ大きく，理想は無限大
●入力容量はできるだけ小さく，理想はゼロ

　10：1のプローブを利用すると，入力抵抗は10倍の10MΩ，入力容量は約1/10の10pFと大きく改善されます（図4）．多くの電子回路では，入力抵抗10MΩは十分大きく，回路動作への影響はほぼありません．

　入力容量10pFのインピーダンスは100MHz時に160Ωです．動作周波数の高い回路の測定では，もっと高いインピーダンスが必要なこともあります．その場合には，プローブ内にアンプを内蔵することで入力容量を1pF以下にしているアクティブ・プローブを利用します．　　　　　　　　　　　　　　〈渡邊　潔〉

（初出：「トランジスタ技術」2018年4月号）

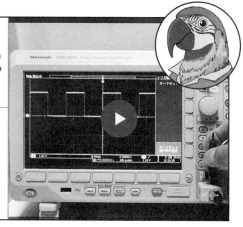

直伝！匠の技 ㉖ 正しい波形観測② いつも襟を正して！プローブは補正してから使うもの

[DVDの見どころ] DVD番号：E-03

- **実演** プローブの補正用信号のチェック方法
- **実演** プローブに調整棒を入れて内部のトリマ・コンデンサを調整する
- **実験** プローブの補正をわざとずらして信号波形の振幅や形状を確認する 〈編集部〉

● **プローブを使う前の儀式**

プローブの補正を行わないと，大きな誤差が発生します．オシロスコープ本体が校正されていても，プローブと組み合わせた状態で補正を行わないと無駄になります．

プローブには重要な役割があります．「波形をひずませないでオシロスコープに送り込む」ことです．

● **10：1プローブの構造**

10：1プローブの原理を理解すると補正の意味がわかります．図1に10：1のプローブの等価回路を示します．プローブの先端部分には，$9\,M\Omega$の抵抗と容量C_1があります．同軸ケーブルの容量C_C，補正用のトリマ・コンデンサC_T，オシロスコープの入力容量C_2は，並列に接続されているとみなせます．

図1(b)に示すように単純な抵抗とコンデンサの直並列回路とみなせます．この等価回路の中点に現れる電圧が，直流でも，周波数が変わっても一定になるならば，この回路は理想的な分圧器です．そのときの条件は次式で表せます．

$$R_1 C_1 = R_2 (C_C + C_T + C_2) \cdots\cdots\cdots (1)$$

プローブ用の同軸ケーブルは，寄生容量が約50 pF/mと低容量に作られていますが，式(1)の右辺の$C_C + C_T + C_2$は合計100 pF近い容量になります．およその値を計算すると，C_1は10 pFです．

C_1の10 pFと$C_C + C_T + C_2$は直列になるため，プローブの先端入力容量は約10 pFになります．入力抵抗は$10\,M\Omega$（$= 9\,M\Omega + 1\,M\Omega$）です．感度は1/10になりましたが，プローブに求められる大きな抵抗と小さな容量に大きく近づきます．

波形がひずみがなく信号が伝わるかどうかは，式(1)の条件を満たしているかどうかで決まります．そこで補正が重要になるのです．

● **測定器メーカは補正しないで出荷する**

オシロスコープの入力容量C_2にばらつきがあるのでプローブの補正を行います．製品で異なりますし，厳密に考えるとチャネルごとにも多少のばらつきがあります．

プローブと各チャネルの組み合わせまで指定すると大変なので，測定器メーカでは出荷時に補正はしていません．ユーザが使用前に行うことになっています．

調整作業は簡単です．付録DVD-ROM内の動画で示すようにプローブ補正信号（≒1 kHzの矩形波）端子にプローブを接続し，波形が平らになるように補正ボックスのトリマ・コンデンサの値を調整用ドライバで合わせこみます．プローブによっては，トリマ・コンデンサがプローブ先端側に設けられていることもあります．

矩形波の立ち上がり部分が持ち上がっていると，高

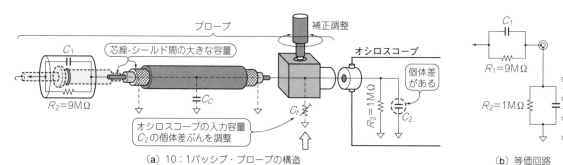

図1 10：1プローブのしくみ
高い入力抵抗と低い入力容量を実現しているが，正しく補正を行わないと誤差が大きい

(a) 10：1パッシブ・プローブの構造 　　　　　(b) 等価回路

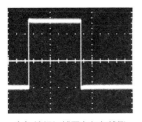
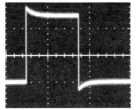

（a）適切に補正された状態　（b）不適切だと高い周波数が
　　　　　　　　　　　　　　　　持ち上がる

写真1　プローブを補正していないと適切に信号波形を観測できない

い周波数での感度が高くなります（**写真1**）.

● **プローブの補正は特定チャネルのとの組み合わせ**

プローブの補正は決してプローブの調整ではありません.「プローブとオシロスコープを組み合わせたときの調整」なので, 他のオシロスコープで調整したプローブがそのまま使える保障はありません.

使っていたプローブの具合が悪いからといって, ど

こかで調達してきたプローブをそのまま使うのはよくありません. 補正が正しく行われている可能性は極めて低く, 誤差の発生が懸念されます.

● **感度切り替え付きプローブは10：1で使用する**

オシロスコープに付属されるプローブの中には, 1：1と10：1が切り替えられるなど, 感度の切り替えができるタイプもあります. 1：1では単なる同軸ケーブルと同等です.

1：1モードは, 次の条件をすべて満たしているときに仕方なく使用するモードです.

- 周波数が十分低い
- 100 pFなど大きな容量が接続されても問題ないほど回路のインピーダンスが低い
- 1：1という高感度が必要なほどの微小信号である

具体的には, 低周波出力のセンサや電源リプルの確認には使えます.

〈渡邊 潔〉

（初出：「トランジスタ技術」2018年4月号）

直伝！匠の技 ㉗ 正しい波形観測③ 全入力チャネルのグラウンド・リードを接地せよ

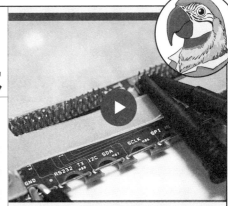

［DVDの見どころ］DVD番号：E-04

- 講義 グラウンドの接続によって基準電位が不安定になるしくみ
- 講義 プローブのグラウンド接続とリターン電流
- 実験 2本のプローブで片方のグラウンドを外して信号波形を確認する 〈編集部〉

● **プローブ1本ごとにグラウンド・リードを接続する**

「グラウンドに落とす」とよく言いますが, これは電圧の基準点を決めることです. プローブの接続も同じです.

オシロスコープでは同時に複数の信号を測定するケースが多いです. チャネル数が多くてもグラウンドは共通なので, プローブごとにグラウンドをとります.

● **高インピーダンスのプローブといえども電流リターン・パスを確保する**

一般の電子回路と同じように測定回路にも**図1**に示すリターン・パスが必要です.

グラウンドをリターン回路として使うと, そこには他の回路を流れる電流も混在します. グラウンドのもつ抵抗成分やインダクタンス成分により, グラウンド配線もインピーダンスを持つので, 動作基準点の電位が変動します（**図2**）. プローブも回路の一部と考えれば, 同じ問題が起きます. 利用するプローブは, それ

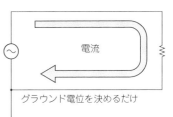

図1　信号源から負荷に向かう電流と戻る電流が等しいとノイズが発生する
グラウンドは電位の基準であって, 電流を流す場所ではないと覚えておこう

電流

グラウンド電位を決めるだけ

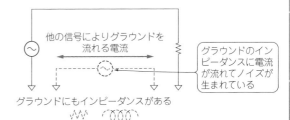

他の信号によりグラウンドを流れる電流

グラウンドのインピーダンスに電流が流れてノイズが生まれている

グラウンドにもインピーダンスがある

図2　グラウンドをリターン経路として使うと予期せぬノイズが重畳される

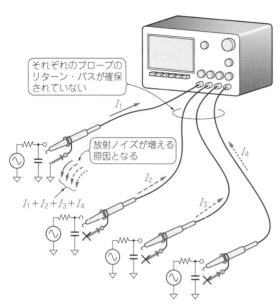

図3 オシロスコープの各チャネルのグラウンドと被測定回路の
グラウンドの接続が誤っている例

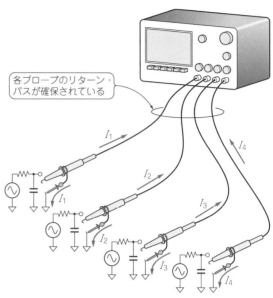

図4 プローブのグラウンド・リードはそれぞれのシグナル・グ
ラウンド近くに接続する

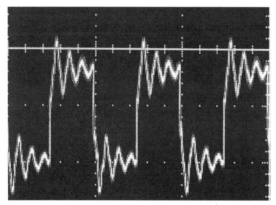

写真1 2本のプローブをつないでもチャネル2のグラウンドを
取らないと，チャネル2には大きなひずみが発生する

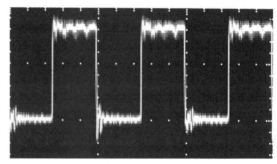

写真2 チャネル1，2ともにプローブのグラウンドをシグナル・
グラウンド近くで取ると波形ひずみが低減される

ぞれしっかりグラウンドを取りましょう．

　プローブの入力抵抗は $10\,\mathrm{M\Omega}$ と大きいです．$10\,\mathrm{pF}$
前後の入力容量によるインピーダンスは周波数が高く
なると大きく低下し，わずかに電流が流れます．

　1つのプローブしかグラウンドをとらないと，**図3**
に示すように，プローブのリターン電流がプローブの
グラウンド経由で戻ります．共同下水用のようなもの
で，大きな波形ひずみを誘発してしまいます．実際の
オシロスコープでの波形を**写真1**に示します．2チャ
ネルのプローブを測定対象につなぎ，チャネル1のみ
グラウンドをとったときです．直接グラウンドをとら

なかったチャネル2の波形がひずんでいます．

　波形のひずみを避けるには，プローブのグラウンド
を個別に接続します（**図4**）．チャネル1，チャネル2
ともにグラウンドを取ったときの波形を**写真2**に示し
ます．測定しているのは $10\,\mathrm{MHz}$ の矩形波です．適切
にグラウンドを取らなくても波形に問題がなかった，
という経験があったとしたら，それは周波数が低く，
インダクタンスの影響を受けなかっただけです．

〈渡邊 潔〉

（初出：「トランジスタ技術」2018年4月号）

直伝！匠の技 28

正しい波形観測④ 長いグラウンド・リードは百害あって一利なし

[DVDの見どころ] DVD番号：E-05

- 実演 10：1のプローブの入力容量と入力抵抗
- 実演 プローブの性能を引き出すめっき線を利用したグラウンド線
- 実演 グラウンド線の長さにより測定点にプローブを当てられないときの共振対策 〈編集部〉

ICの出力波形をオシロスコープで見ようと思って，図1のような接続をしている人はいませんか．プローブのグラウンド・リードを被測定回路の近くに接続するのは正しいです．信号線をリード線で引っ張り出すと，変化が速い信号を正しく測定できない可能性があります．

● 長いグラウンド・リードや先端に取り付けたリード線で信号波形が大化けしてしまう

「ノイズが乗るからですか？」その可能性もありますが，問題は「リード線はコイルになる」からです．写真1に示す状態で測定すると，図2のようにプローブにインダクタンスが追加されています．

リード線には目には見えない寄生インダクタンスがあります．1mあたり約1μH，1cmでは約10nHです．図2の状態を等価回路にすると図3に書き換えられます．プローブの入力抵抗は10MΩと無視できるほど大きいので，直列共振回路ができます．共振周波数は次式で表せます．

$$f = \frac{1}{2\pi\sqrt{LC}}$$

グラウンド・リードと，端子に付けたリード線を合わせて15cmで150nH，プローブの入力容量が10pFとすると，共振周波数は約130MHzです．

写真2に示すように，立ち上がり時間が数nsより速いパルスを観測するときには，波形に振動が生じます．

● 理想的なプロービングに近づけたい

寄生インダクタンスの影響を軽減するには，グラウンド線やリード線を極力短くすることが一番です．インダクタンスを小さくすれば共振周波数が高くなります．オシロスコープの測定可能帯域外までもっていければベストです．

その状態に近づけるには，写真3に示すように，プローブの外側の金属部分（グラウンド）に最短のグラウンド線を取り付けて図4のように当てます．写真4に観測した波形を示します．

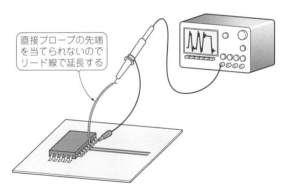

直接プローブの先端を当てられないのでリード線で延長する

図1 表面実装部品が当たり前の最近の基板では，プローブ先端を理想的に当てることが難しい

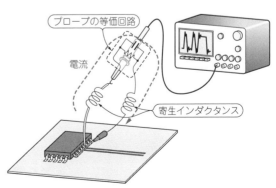

プローブの等価回路

電流

寄生インダクタンス

図2 グラウンド・リードや先端に取り付けたリード線はコイルとして働いてしまう

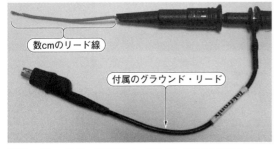

数cmのリード線

付属のグラウンド・リード

写真1 数cmのリード線は数十nHのインダクタンスをもつ

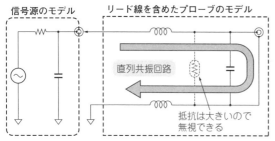

図3 リード線のインダクタンスとプローブの入力容量で直列共振回路が構成されるので正しい波形を観測できない
短くつなぐことができればインダクタンスが小さくなるので共振周波数は高くなる．オシロスコープの周波数帯域より高くなれば影響はなくなる

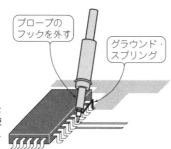

図4 写真3のような短いグラウンド線を使うと共振の影響を抑えられる

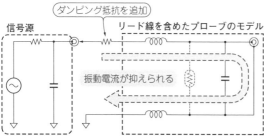

図5 ダンピング抵抗を入れて寄生インダクタンスによる直列共振を抑制すると波形のあばれも抑えられる
このテクニックは高速信号用のアクティブ・プローブでも使われている

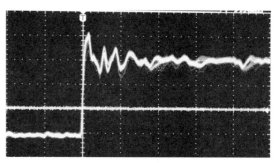

写真2 リード線を足したプローブで観測したときは立ち上がり部分に振動波形（リンギング）が見える

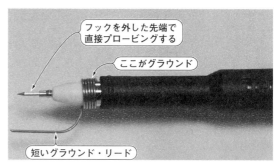

写真3 プローブからフックを外して付属のショート・グラウンド・リードを取り付けた状態
付属されないときはメッキ線で代用できる

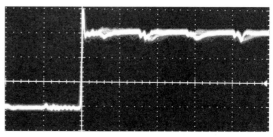

写真4 ショート・グラウンド・リードを使ったときの観測波形
パルス・エッジ先端に周波数の高い共振の影響が少しだけみえる

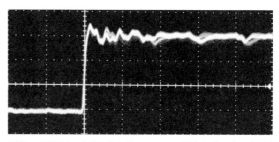

写真5 延長リード線の代わりに100Ωの抵抗をダンピング抵抗として取り付けて観測した波形
写真2に比べて波形のあばれが減っている

● ダンピング抵抗は共振をダンプできる

　共振電流が流れて波形が暴れるなら，それを抑えてしまえばよい，という考え方もあります．

　図5に示すように抵抗を直列に挿入すれば，共振を抑えられます．100〜150Ωがお勧めです．ダンピング抵抗100Ωを直列に挿入したときの結果を写真5に示します．

● 波形あばれは飛び込みノイズのときもある

　測定対象に電源回路やスイッチング回路があるときは慎重に確認します．電源リプル成分を測定するつもりで接続したプローブで輻射ノイズを拾っていることがあります．　　　　　　　　　　　　　〈渡邊 潔〉

（初出：「トランジスタ技術」2018年4月号）

正しい波形観測⑤ オシロスコープ＋プローブの立ち上がり時間の1/5が限界

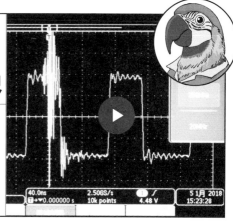

[DVDの見どころ] DVD番号：E-06

- **講義** 周波数帯域と高調波成分の関係
- **実験** 10 MHzのクロック信号を周波数帯域500 MHzと250 MHzで確認する
- **実験** 周波数帯域500 MHzと250 MHzで電子ライタのノイズの影響を確認する 〈編集部〉

● 周波数帯域は観測する信号の形状で決まる

オシロスコープの性能は周波数帯域で表現されます．高性能なオシロスコープは，価格が高く周波数帯域も広いです．どれくらいの周波数帯域のオシロスコープを用いればよいのでしょうか．それは観測する信号の形状で決まります．波形の変化まで追随して観測できるかが選択のキーになります．

パルス信号の形状は**図1**に示すように定義されています．この定義を使えば，形状を客観的に表すことができます．パルス信号が振幅の10 %から90 %まで変化する時間は「立ち上がり時間」として定義されています．

デバイスの立ち上がり性能を表すパラメータとしては，**図2**に示すスルー・レートがあります．

● オシロスコープの周波数帯域と応答速度の関係

オシロスコープのスペックに「周波数帯域xxMHz」と示されていても，その周波数までゲインがフラットという意味ではありません．一般のオシロスコープのアナログ特性はガウシアン特性に近似しています（**図3**）．感度が-3 dB（振幅約70 %）になる周波数を周波数帯域としています．

ステップ・パルスを入力したとき，**図4**のように立ち上がりが鈍ります．このとき立ち上がり時間は，周

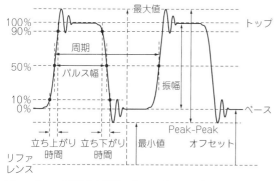

図1 パルスの形状を客観的に表せるパルスのパラメータ
パルスを出力する信号発生器（パルス・ジェネレータ）ではこれらの値を設定して波形を決める

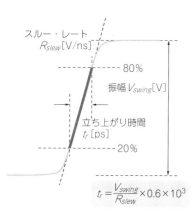

図2 デバイスの立ち上がり性能を表すパラメータ
高速で動作するデバイスでは，性能指標として20 %から80 %までの立ち上がり時間を使うことがある．デバイスの能力を示す値としてスルー・レート（ΔV/ΔT）を使うことも多い

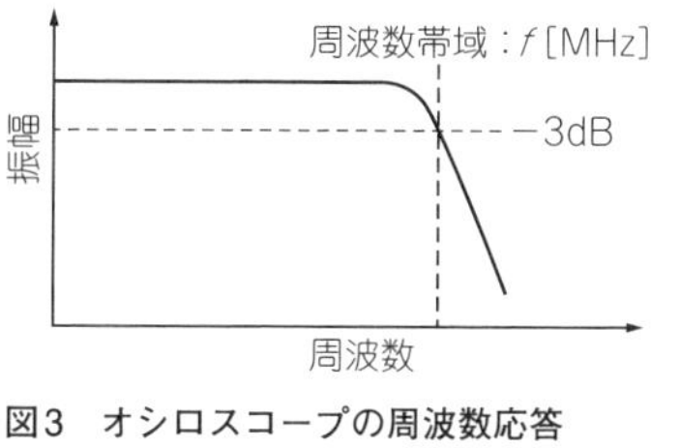

$$t_r = \frac{V_{swing}}{R_{slew}} \times 0.6 \times 10^3$$

図3 オシロスコープの周波数応答
周波数が高くなるに従い，徐々に振幅は低下する．-3 dBになる周波数がデータシートの周波数帯域

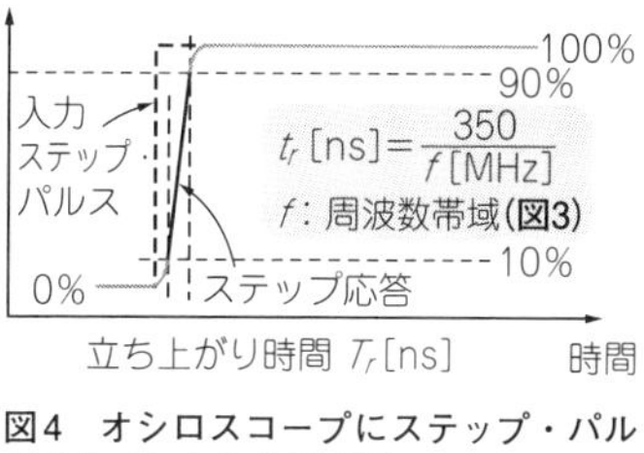

図4 オシロスコープにステップ・パルスを入力したときの応答
周波数帯域が高いほど立ち上がり時間は速くなる

$$t_r [ns] = \frac{350}{f [MHz]}$$

f：周波数帯域（図3）

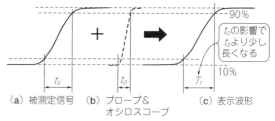

図5 オシロスコープとプローブが観測したい信号を鈍らせる
鈍りが十分小さい範囲で使用する

（a）被測定信号 （b）プローブ＆オシロスコープ （c）表示波形

t_oの影響でt_sより少し長くなる

表1 500 MHz帯域のオシロスコープでは信号の立ち上がり時間が2.8ns以下であれば測定誤差は3%以下になる
プローブを含めたオシロスコープの立ち上がり時間は0.7nsである．立ち上がり時間が2.8ns以上に速いときは誤差が大きくなり正確に測れない

被測定信号の立ち 上がり時間	表示される波形の 立ち上がり時間
4 ns	4.1 ns (2.5 %)
2.8 ns	2.9 ns (3 %)
1.4 ns	1.6 ns (14 %)

波数帯域で決まります．例えば，周波数帯域100 MHzなら3.5 ns，500 MHzなら0.7 nsです．この値は，オシロスコープのデータシートに記載されています．ディジタル時代なので，立ち上がり時間のほうを性能として表示したほうがよいのではないでしょうか．

信号を観測すると，オシロスコープの立ち上がり時間の影響を受けて鈍ります．鈍りがほとんど影響しない範囲なら，正しく信号を観測できます．どの程度が目安になるのでしょうか．

● **測りたいパルスの立ち上がり時間に応じてオシロスコープの周波数帯域が決まる**

入力された信号は，**図5**に示すように，プローブとオシロスコープによる測定系の周波数帯域により鈍り

表2 オシロスコープの帯域と測定可能な立ち上がり時間の関係
プローブを含むオシロスコープの立ち上がり時間より4〜5倍遅い時間であれば正確に波形を観測できる

オシロスコープの 周波数帯域	測定系の 立ち上がり時間	対応できる 立ち上がり時間
100 MHz	3.5 ns	14 ns 以上
200 MHz	1.75 ns	7 ns 以上
350 MHz	1 ns	4 ns 以上
500 MHz	0.7 ns	2.8 ns 以上
1 GHz	0.35 ns	1.4 ns 以上

ます．

信号の立ち上がり時間t_s，プローブを含めたオシロスコープの立ち上がり時間t_o，表示される波形の立ち上がり時間t_rの間には，次のような関係があります．

$$t_r = \sqrt{t_s^2 + t_o^2}$$

周波数帯域が500 MHzのオシロスコープを使うと，**図4**からt_oは0.7 nsです．信号の立ち上がり時間t_sを変えたときの測定結果t_rを**表1**に示します．

プローブを含むオシロスコープの立ち上がり時間より4〜5倍遅い時間の信号であれば，ほぼ正確に波形を再現できます．**表2**を目安にしてオシロスコープを選んでください． 〈渡邊 潔〉

(初出：「トランジスタ技術」2018年4月号)

直伝！匠の技

㉚ 正しい波形観測⑥
電流ドロボー！回路に気づかれない
電流プローブの使い方

[DVDの見どころ] DVD番号：E-07

- **実演** クランプ式電流プローブの使い方
- **講義** 電流プローブの内部インピーダンスと周波数の関係
- **実験** 電圧プローブで測定した出力電圧と電流プローブで測定した出力電流を演算する 〈編集部〉

● **ディジタル・マルチメータは交流電流測定が苦手**

電流の実効値の測定はディジタル・マルチメータで行えますが，数kHzが上限です．例として，ディジタル・マルチメータ ケースレー2110(テクトロニクス)のAC電流のスペックを**表1**に示します．比較的高い確度が得られるのは10〜900 Hzです．

数百kHz以上の電流波形を見たいときは，オシロスコープを利用します．

● **オシロスコープで電流を見る**

オシロスコープは電圧入力であるため，電流波形を観測するためには，何らかの方法で「電流から電圧」に変換します．

一番簡単なのは，回路に抵抗(シャント抵抗)を挿入

する方法です．オームの法則に従って，電流に比例した電圧が発生するので，その電圧降下を測ります．こ

表1 表示桁数の高いディジタル・マルチメータでも交流電流の確度はあまり高くない
ディジタル・マルチメータ ケースレー2110(テクトロニクス)の交流電流仕様

レンジ	分解能	周波数	確度 ±（読みの% +レンジの%） 1年，23 ± 5℃	温度係数 0 〜 18℃， 28 〜 40℃
1.0000 〜 3.00000 A	10 μA 100 μA	10 〜 900 Hz	0.30 + 0.06	0.02 + 0.01
		900 Hz 〜 5 kHz	1.50 + 0.15	0.02 + 0.01
10.0000 A	100 μA	10 〜 900 Hz	0.50 + 0.12	0.02 + 0.01
		900 Hz 〜 5 kHz	2.50 + 0.20	0.02 + 0.01

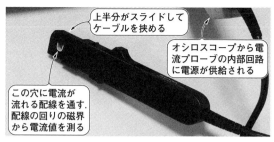

写真1 クランプするだけで直流から高周波までの電流波形を取り込めるDC/AC電流プローブ

写真2 先端のセンサの帯びた磁気をゼロにするボタンを押す

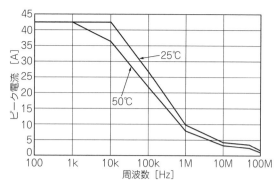

図1 定格30 A/120 MHzの電流プローブTCP0030A(テクトロニクス)の測定電流上限値は周波数によって変わる
10 kHzから加えられるピーク電流は低下し，300 kHzで半分になる

写真3 50ターンのコイルをクランプした例
通常のクランプは，1次側1ターンのコイルに相当する．N回巻けばセンサを通る磁界はN倍になり，感度もN倍に上げられる

の手法はディジタル・マルチメータや電力計の電流入力端子で使われています．直流や低い周波数では有効ですが，周波数が高くなるにつれて目に見えない誘導成分や容量成分の影響で誤差が大きくなります．

● 広い周波数帯域が得られるクランプ式電流プローブ

周波数が高い交流電流の測定には，電流の周囲に生じる磁界を利用するクランプ式の電流プローブが使われます．**写真1**にDC/AC電流プローブの例を示します．周波数帯域120 MHz，測定できる電流の最大値は実効値で30 A，感度が1 mV/mAと高感度です．

電流測定の感度はオシロスコープの最高感度にもよりますが，1 mV/divであれば1 mA/divの感度で電流波形を観測できます．

● 電流プローブは慎重に使わないと誤差が生じたり壊れたりする

電流プローブは数万～数十万円と高価です．誤差を出さないためにも，次の点に留意します．

▶① 物理的な衝撃を与えない

電流プローブの先端は，スライドしてケーブルをクランプできるように「コ」の字型と「I」の字型のコアを組み合わせています．「コ」の字型の部分には，交流磁界に反応するコイルと，直流磁界に反応するホール素子の両方が組み込まれています．この部分は物理的なショックに強くないので壊れる可能性があります．

▶② 周波数が高いと加えられる電流の最大値が下がる

測定できる最高電流とされているのは，直流と低周波を測るときの値です．**図1**のように，入力できる最大電流は周波数で変わります．

数kHzから減少し始め，100 kHzでは半分以下になります．実際に測定する電流波形の周波数で決められた電流以下になっているかどうか確認することが大切です．

▶③ 使用する前に消磁する

回路のインピーダンスによっては測定値への影響を無視できません．電流プローブ先端のセンサ部分は，使用すると磁界を帯びます．直流電流がなくなっても，電流が存在するように反応してしまいます．これを避けるために，使用前には「デガウス」（メーカによってはデマグともいう）を行います．

写真2に示すようなボタンを押して消磁します．そのあと，ゼロ電流時にプローブ出力電圧も0 Vになるように出力バランスを調整します．

▶④ 測定回路の動作に影響する

電流が流れる配線をクランプしようとしても，物理的に難しいことがよくあります．クランプするためにリード線を追加すると，1 cmあたり約10 nHの寄生インダクタンスが回路に追加されて，回路の動作に影響を与えています．電流プローブ自体が回路へ与える挿入インピーダンスは小さいのですが，使い方によっては，大きな測定誤差が発生します．

● 巻いただけ感度が上がる

今回実験で使用した電流プローブとオシロスコープの組み合わせでは，最高電流感度は1 mA/divです．

最近はバッテリで動作する機器が増え，微小電流を測定する機会が増えています．

そのようなときは，**写真3**に示すように電流プローブのクランプ部分に測定したいケーブルを何回も巻き付けて測定します．N回巻き付けると，センサに加わる磁界はN倍になり，感度もN倍に上げられます．

〈渡邊 潔〉

（初出：「トランジスタ技術」2018年4月号）

電気・電子
アナログ
ディジタル
製作実習
測定
回路実験
基板・雑音
RF
電源回路
放熱
センサ
高精度A-D

高感度メータが電流/電圧に追従！アナログ・テスタの作法

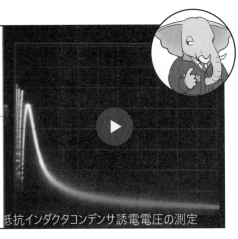

抵抗インダクタコンデンサ誘電電圧の測定

抵抗器の抵抗値やコンデンサの絶縁抵抗値，インダクタの巻き線抵抗値を測るときは，精度が良くて測定値を読み取りやすいディジタル・テスタのほうが便利です．一方，アナログ・テスタは測定途中の指針の動きによってプラスアルファの情報を得ることができます．回路の動作試験に可変素子を操作してポイントの電圧を最高点に合わせるときは，アナログ・テスタのほうが圧倒的に使いやすいです．

● **抵抗測定の原理**

アナログ・テスタで抵抗を測る原理を**図1**に示します．乾電池と電流制限抵抗R_Sを直列に接続し，R_Sの両端の電圧をメータMで測り，抵抗に換算した目盛りで直流抵抗値を直読できるようにしています．

被測定抵抗R_Xが0Ω（＝テスト・リードを短絡）のときのA点の電圧はマイナス端子を基準にして3V（＝電池電圧）になり，メータの指針は0Ωを指します．

被測定抵抗器R_Xが無限大のときのA点の電圧は0Vになり，メータの指針は∞Ωを指します．

電池が消耗すると発生電圧が変わるので，測定を始める前に，テスト・リードを短絡したとき指針が0Ωを指すように，0点調整器R_Vを調整します．0Ω点は，電池の消耗だけでなく測定レンジを変えたときにも変動します．

電流制限抵抗R_Sは測定レンジによって変わり，低抵抗レンジでは低抵抗，高抵抗レンジでは高抵抗になります．測定原理上，抵抗値目盛りの中心値はR_Sと等しい値になります（**写真1**）．

● **抵抗器の値の測り方**

抵抗器の両端にテスト・リードを当てれば抵抗値を読めます．目盛り板から読み取った数値を測定レンジに応じて換算します．×1レンジでは目盛りの数値そのままの値が，×10レンジでは目盛りの数値を10倍にした値が測定値です．

● **コンデンサの抵抗値を測る**

アナログ・テスタでコンデンサの直流抵抗を測ると，最初に大きく針が振れ，やがて∞Ω（針が振れない状態）に戻ります．コンデンサの容量が大きいほど針は大きく振れ，容量が小さいと振れが小さくなります．測定レンジが大きいほど針は大きく振れ，レンジが小さいと針の振れが小さくなります．

コンデンサに流れる電流Iは時間tの関数で，以下のように計算できます．

$$I = \frac{V_B}{R_S} e^{-1/\tau}t \cdots\cdots\cdots\cdots\cdots\cdots (1)$$

ここで，V_B：電池電圧 [V]，R_S：電流制限抵抗 [Ω]，
V_B/R_S：最大電流 [A]，τ：時定数$C_X R_S$ [s]，
e：自然対数の底（ネイピア数）≒2.718

測定開始からの電流の変化を**図2**に示します．テスト・リードをコンデンサにつないだ瞬間は最大電流が流れ，徐々に低下していきます．

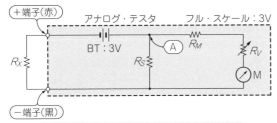

図1　アナログ・テスタの抵抗測定の原理
被測定抵抗器・電池と直列に接続された抵抗R_Sの両端の電圧を測って抵抗値を換算する

BT：電池（この例では3V）　　R_V：0点調整器
M：可動コイル形メータ　　　 R_S：電流制限抵抗
R_M：倍率器　　　　　　　　 R_X：被測定抵抗器

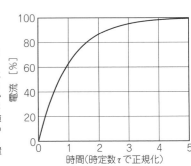

図3　インダクタに流れる電流
インダクタンスにテスト・リードを接触させた瞬間から電流が流れはじめ，徐々に一定値になる．指針はゆっくり振れはじめ，徐々に一定の位置になる

時間（時定数τで正規化）

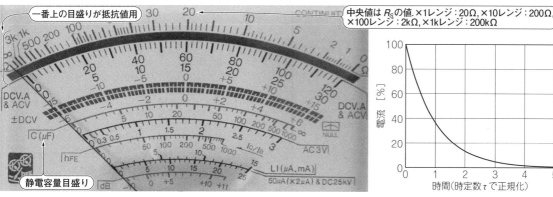

一番上の目盛りが抵抗値用

写真1 市販のアナログ・テスタは，読み取り精度の良い一番上の目盛りを抵抗に割り当てている
アナログ・テスタの目盛り（三和SH-88TR）．テスタで抵抗を測ることが多いといえる

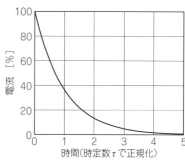

中央値はR_Sの値．×1レンジ：20Ω，×10レンジ：200Ω，×100レンジ：2kΩ，×1kレンジ：200kΩ

図2 コンデンサにテスト・リードを接触させた瞬間は大きな電流が流れ，徐々に減っていく
指針は一瞬大きく振れ，徐々に振れが小さくなる

例えば，SH-88TR（三和電気計器）の×1kレンジのR_Sは200kΩなので，10μFのコンデンサのときはτ＝2sとなり，電流がほぼ0（抵抗値がほぼ∞）になるまで10秒以上かかります．下がりきったところがコンデンサの直流抵抗（絶縁抵抗）になります．

▶直流抵抗で不良がわかるコンデンサもある

フィルム・コンデンサやセラミック・コンデンサの直流抵抗をアナログ・テスタで測ると，指針は無限大を指します．少しでも指針が振れるようなら，不良品の可能性が高いです．

電解コンデンサは漏れ電流が多いので，正常品でも抵抗値は無限大になりません．電解コンデンサは方向性を持っているので，逆接続すると低い抵抗値を示します．アナログ・テスタの場合はテスト・リードの黒色側がプラス電圧なので留意してください．

▶針の振れ具合で容量の大小がわかる

テスタの指針は慣性を持つので，最大電流にぴったり追従はできません．指針の動きとしては，最初に大きく振れたあと，徐々に振れが小さくなります．あらかじめ指針の慣性を把握しておけば，指針の振れ方によってコンデンサの静電容量の大小を推測できます．

写真1に示すテスタはあらかじめ静電容量の目盛りを持っており，最初に振れた指針の最大値でおおよその静電容量がわかるようになっています．一度測定するとコンデンサに電荷が溜まってしまうので，測定しなおすときはその端子を短絡して電荷を放電します．

● インダクタの抵抗成分を測る

アナログ・テスタでインダクタンスの大きいインダクタ（トランスなど）の直流抵抗を測ると，普通の抵抗を測るときに比べて指針がゆっくり振れ，やがて一定の数値を示します．インダクタンスが大きいほど針はゆっくり振れます．測定レンジが小さいほうが，ゆっくり具合が目立ちます．

インダクタに流れる電流Iは時間tの関数で，次のように計算できます．

$$I = \frac{V_B}{R_S + R_0}(1 - e^{-1/\tau\, t}) \cdots\cdots\cdots\cdots (2)$$

ただし，V_B：電池電圧[V]，R_S：電流制限抵抗[Ω]，R_0：巻き線抵抗[Ω]，$V_B/(R_S+R_0)$：最大電流[A]，τ：時定数＝$L_X/(R_S+R_0)$[s]，e：自然対数の底(2.718)

測定開始からの電流の変化を**図2**に示します．テスト棒をコンデンサにつないだ瞬間から電流が流れ始め，徐々に最大電流になります．

たとえば，SH-88TRの×10レンジのR_Sは200Ωなので，インダクタンス10Hで巻き線抵抗100Ωのインダクタのときはτ＝0.33sとなり，電流がほぼ最大値になるまで1.5秒以上かかります．上がりきったところがインダクタの直流抵抗（巻き線抵抗）です．

▶高電圧発生に留意する！

インダクタンスは電流を流し続ける性質があります．アナログ・テスタでインダクタンスを測定するときは適当な電流を流すので，テスト・リードを離したときに電流を流し続けようとして，逆電圧が発生します．

インダクタンスが大きくて測定電流が大きいときは数百V以上のパルス電圧が発生するので，感電しないように慎重に確認します．回路中のインダクタの巻き線抵抗を測るときは，この高電圧パルスで周辺の電子部品を壊すこともあります．

▶ディジタル・テスタのほうが発生電圧は小さい

ディジタル・テスタでの巻き線抵抗測定も基本的にはアナログ・テスタと同じで，被測定抵抗器に適当な電圧をかけて流れる電流を測定し，抵抗値に換算してディジタル表示しています．

ディジタル・テスタは内部にアンプを使っているため，端子間にかかる電圧は低く，流れる電流も小さいので，アナログ・テスタよりも逆電圧の値は小さくなります．それでも100Vを超えるときがあるので，感電や部品破壊には留意します． 〈藤田 昇〉

（初出：「トランジスタ技術」2018年4月号）

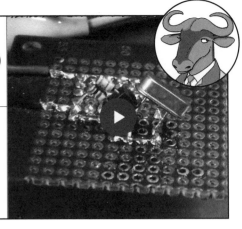

直伝！匠の技 (32) 発振周波数, 負荷抵抗, 励振電流も！水晶発振回路の三大要素の測定方法

[DVDの見どころ] DVD番号：E-09〜11

- [実演] スペクトラム・アナライザによる水晶発振回路の共振周波数の測定
- [実演] スペクトラム・アナライザによる水晶発振回路の負性抵抗の測定
- [実演] オシロスコープによる励振電流の測定 〈編集部〉

図1に基本的なCMOS水晶発振回路を示します．以下の3つが，水晶発振回路の特性を表す三大要素です．

- 負性抵抗（発振の信頼性）
- 負荷容量（周波数偏差のオフセット）
- 励振レベル（周波数安定性）

負性抵抗が小さいと発振起動のトラブルが発生します．負荷容量が適切に設計されなければ望む発振周波数が得られません．また，励振レベルが過大な水晶発振回路では発振周波数の安定度が劣化します．

これらすべてが適切な値の特性になるように設計することで，安定発振する水晶発振回路が得られます．

■ 負性抵抗の測定

● 負性抵抗は発振の信頼性にかかわる

負性抵抗と発振マージンは水晶発振回路の発振の信頼性を支配する要素です．負性抵抗は反転増幅器のゲインを負の抵抗値で表したもので，発振マージンは負性抵抗を水晶振動子の負荷時共振抵抗R_Lの最大値で割り算した値です．

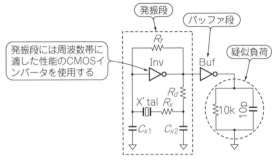

図1 標準的なCMOSインバータ水晶発振回路

発振段には周波数帯に適した性能のCMOSインバータを使用する

発振マージンを3倍以上に大きく設計した水晶発振回路は市場における不発振トラブルの発生率を低くできます．発振マージンを大きく設計する理由は，励振レベル依存性（DLD；drive level dependency）などによって水晶振動子の内部抵抗（負荷容量によって変化する負荷時共振抵抗R_Lの値）が突発的に増加しても，発振停止や起動不良などが起こらないようにするためです．

● 負性抵抗の測定方法

水晶発振回路の負性抵抗は，抵抗置換法で測定する方法が一般的です．図2に負性抵抗を測定する機器構成（セットアップ）を示します．既知の特性をもつ水晶振動子を水晶発振回路に搭載して，図3に示すように，水晶振動子に抵抗器R_{sup}を直列接続します．抵抗器R_{sup}を発振可能な最大値にして，水晶振動子の内部抵抗値（負荷時共振抵抗R_L）を加えることで，負性抵抗値を求めます．

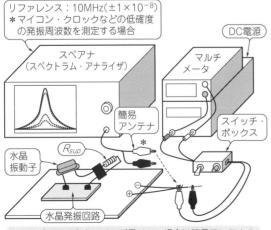

リファレンス：10MHz（±1×10^{-8}）
＊マイコン・クロックなどの低確度の発振周波数を測定する場合

＊：スペアナの入力レベルが足りない場合は簡易アンテナの芯線を電源の＋端子に接続すると改善される場合がある

図2 負性抵抗を測定する機器構成（抵抗置換法）

図3 負性抵抗測定のR_{sup}接続ポイント
水晶振動子の片側の端子を基板から浮かせ，その部分と基板側の水晶振動子接続部分との間にR_{sup}を接続する

スイッチ・ボックスには跳ね返りタイプのスイッチを使い，電源を瞬時にOFF/ONします．スイッチを3～4回OFF/ONして，毎回確実に発振したことを確認します．R_{sup}を徐々に大きな値に交換して同じ動作で発振を確認します．この方法によって発振可能な最大のR_{sup}を見いだし，使用した水晶振動子の負荷時共振抵抗R_Lを加えた値が負性抵抗値です．－XXΩと表します．

R_{sup}の値は，1000Ω以下：10Ωステップ，10kΩ以下：100Ωステップ，10kΩ以上：E-24系列ステップで測定します．確度は±1～2Ω程度でそろえます．

■ 負荷容量の測定

● 負荷容量とは

水晶振動子は，負荷容量の値によって内部抵抗と共振周波数が変化するという性質を持っています．

負荷容量には水晶振動子の製作負荷容量C_Lと水晶発振回路の回路負荷容量C_Lがあります．

水晶振動子の製作負荷容量とは，水晶振動子メーカで水晶振動子の共振周波数を目的の周波数に合わせる製造工程や検査工程で水晶振動子に直列接続するコンデンサのことで8pFや12pFなどの値があります．この負荷容量値は水晶振動子のカタログや納入仕様書に記載されています．

水晶発振回路の回路負荷容量とは，水晶発振回路において，水晶振動子を接続する端子から見たキャパシタンス成分の合計です．この回路負荷容量を適切な値に設定することで水晶振動子の発振周波数を決定しますが，測定器を使って直接測定することが不可能なので，測定した発振周波数とその水晶振動子の諸特性を公式に代入し，計算によって負荷容量値を求めます．

● 水晶発振回路の発振周波数の測定方法

発振周波数の測定は，発振している水晶発振回路から空中に輻射されている電波をアンテナで受信し，ス

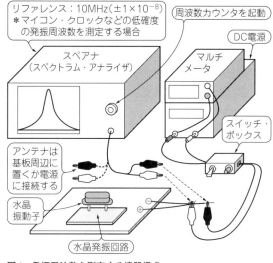

図4　発振周波数を測定する機器構成

ペクトラム・アナライザ（スペアナ）によってスペクトラムのピーク周波数を測定します．このため，スペアナは高確度の周波数カウンタを内蔵した機種が必要で，図4のような機器構成で測定します．なお，外部リファレンス信号の入力端子を持たないスペアナでは確度を持つ周波数測定ができません．

スペクトラム・アナライザの設定値の例を以下に示します．

- Pre Amp.：ON
- Frequency Counter：ON
- Resolution：1Hz
- Span：30kHz～100kHz
- VBW：100kHz
- RBW：3kHz～30kHz
- Sweep Time：500ms～750ms

発振周波数は1Hzの桁まで測定値を記録して，次に示す式(1)によって周波数偏差のオフセット$\Delta f / f$（すなわち，公称値を基準とした偏差）を求めます．単

発振周波数測定時の温度に注意 Column 1

測定環境の温度は，周波数測定器に入力される標準信号と同じように，発振周波数の測定確度を決定する重要な要素です．

水晶発振回路は周波数温度特性を持っているので，回路基板の発振周波数を測定する場所の温度環境によって測定周波数が変化します．このため，測定場所の温度制御と温度測定器の確度が非常に重要です．

温度測定器の基準としては水晶温度計が知られていますが，通常の測定にはコスト・パフォーマンス

を考慮して，Aクラスのプラチナ測温抵抗体を使用した温度測定器を使用します．エアコンのコントローラに付属した温度計や数千円で入手できる温度計等は論外です．

水晶発振回路の室温特性は，高確度温度計で水晶発振回路近傍の室温を測定しながら25±1℃以内にエアコンを制御して測定します．温度を正確に管理できないと，測定した周波数の誤差が大きくなります．　　　　　　　　　　　　　　　　　〈大川 弘〉

位は×10^{-6}ですが，昔の習慣でppmと表される場合が多いです．

$$\Delta f / f = \frac{f_{OSC} - f_L}{f_L} \cdots\cdots\cdots\cdots\cdots\cdots (1)$$

ただし，f_{OSC}：発振周波数［Hz］，f_L：指定負荷容量で測定した水晶振動子の負荷時共振周波数［Hz］

水晶発振回路の最大周波数偏差は，式(2)に示す考え方で求めます．

最大周波数偏差＝水晶振動子の室温偏差(±)
　＋水晶振動子と発振回路の温度特性(±)
　＋回路定数のバラツキによる周波数偏差(±)
　＋周波数偏差のオフセット($\Delta f / f$)$\cdots\cdots$ (2)

■ 励振レベルの測定

● 励振レベルとは

励振レベル(drive level)とは，水晶発振回路で振動している水晶振動子に流れる高周波電流(励振電流)によって水晶振動子内部で消費される電力のことを指します．単位はW(ワット)で表します．

内部で電力が消費されると水晶振動子は発熱し，水晶振動子は周波数温度特性を持っているので発熱によって発振周波数が変化します．発熱量と放熱量が同一になったときに発振周波数が安定します．このため，励振レベルの大きな水晶発振回路では電源をONにしてから発振周波数の変化量が大きくなり，発振周波数が安定するまでの時間が長くなります．

● 励振レベルの求め方(MHz帯の発振回路の場合)

励振レベルを直接測定することはできません．図5に示す機器構成により，最初に電流プローブを使って水晶振動子に流れる高周波電流(励振電流)の尖塔値(Ix_{P-P})を測定します．次に，負荷容量の測定で求めた水晶振動子の負荷時共振抵抗R_Lを使って，励振レベル(励振電力)を計算して求めます．

この測定では，一般的に測定する励振電流の範囲は$0.5\,mA_{P-P}$〜$10\,mA_{P-P}$程度です．この範囲を測定できる電流プローブと測定値を表示できるオシロスコープが必要です．

電流プローブはP6022以外の機種も使用可能ですが，他の機種は汎用性に乏しい場合や形状が大きすぎる場合があるのでお奨めできません．オシロスコープは$1\,mV$以下の電圧を直接測定可能な機種を使用することでオシロスコープ内部の変換ノイズを最小限に抑えられ，小レベルの励振電流測定時に測定誤差を減らすことができます．

● 測定部分の機器構成

水晶振動子とプリント基板の接続は図6のように行います．4端子の水晶振動子の場合は，空き端子をGNDに接続します．この接続では水晶振動子に不要

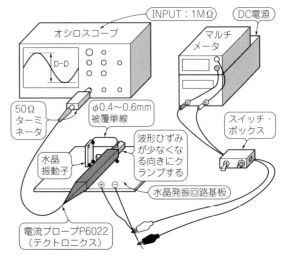

図5　励振電流を測定する機器構成

な応力が加わると基板パターンが剥離するので注意が必要です．また，配線が長すぎると測定誤差が増えるので，必要最小限の配線長で測定します．

水晶振動子はインバータのIN側やトランジスタのベース側に接続します．水晶振動子には極性がありませんが，反対側の端子で励振電流を測定すると，負性抵抗が小さくぎりぎりの状態で発振している水晶発振回路では，測定用に追加したリード線や電流プローブの持つ寄生容量によって発振が停止してしまう場合があるからです．

● 励振レベルPxの計算方法

測定した励振電流と回路負荷容量の測定で求めた負

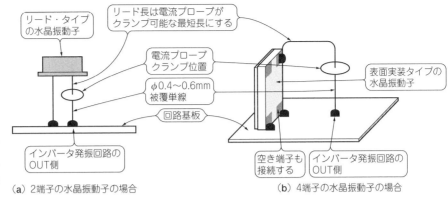

図6 励振電流の測定ポイント
インバータ発振回路のOUT側（トランジスタ発振回路ならGND側）でクランプする

リード・タイプの水晶振動子
リード長は電流プローブがクランプ可能な最短長にする
電流プローブクランプ位置
φ0.4〜0.6mm被覆単線
回路基板
インバータ発振回路のOUT側

（a）2端子の水晶振動子の場合

表面実装タイプの水晶振動子
空き端子も接続する
インバータ発振回路のOUT側

（b）4端子の水晶振動子の場合

電気・電子
アナログ
ディジタル
製作実習
測定
回路実験
基板・雑音
RF
電源回路
放熱
センサ
高精度A・D

荷時共振抵抗R_Lを使い，式(3)によって励振レベルPxを求めます．計算はオームの法則の電力計算式($P = I^2R$)と同じ方法ですが，測定されたIxは尖頭値(P−P値)なので，$\sqrt{8}$で割り算して実効値換算します．

$$Px = (Ix/\sqrt{8})^2 \times R_L$$
$$= Ix_{rms}^2 \times R_L \cdots\cdots\cdots\cdots\cdots (3)$$

ただし，Ix：励振電流尖頭値［A］，Ix_{rms}：励振電流実効値［A］，R_L：負荷時共振抵抗［Ω］

負荷時共振抵抗R_Lは，負荷容量が直列以外の負荷条件で動作している場合の，水晶振動子の持つ抵抗成分です．「負荷容量＝直列」の負荷条件で動作している場合は，R_LをR_1に置き換えて計算します．一般的な基本波水晶発振回路のほとんどが負荷容量を持っているので，それらに使われる水晶振動子はR_Lで動作します．　　　　　　　　　　〈大川 弘〉

直伝！匠の技 ㉝ 初心忘るべからず！測定をじゃましないプローブの使い方

[DVDの見どころ] DVD番号：E-12
- 実演 プローブ補正の手順（手動，自動）
- 実演 グラウンド・リードの違いによる波形の違い
- 講義 矩形波に含まれる高調波成分
- 講義 信号波形のスルー・レートと帯域

〈編集部〉

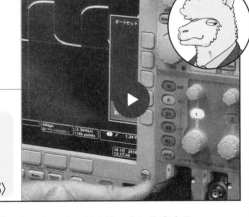

● 測定前の確認事項

オシロスコープで電圧波形を測定する前に，以下の3つを確認します．
①測定対象信号に合った周波数帯域をもつオシロスコープ，プローブを使用しているか
②プローブは補正を行ったか
③プローブの入力抵抗＆入力容量が被測定回路に対して影響がないことを確認したか

このうち②については動画で手順を紹介しています．
③については，波形のなまりに対する影響を定量的に確認できない場合の簡易的な確認方法を紹介します．被測定端子にプローブを1つ接続した場合と2つ接続した場合の観測波形を比較します．波形に差がなければ，プローブの影響は小さいと判断できます．

● グラウンド・リードの使い方に注意する

プローブはグラウンド・リードの寄生インダクタンスと入力容量によって直列共振回路を形成し，波形観測時に共振周波数のリンギングが発生することがあります．被測定回路とプローブ先端，グラウンド・リードによるグラウンド接続で形成される閉回路を小さくすることによって，この寄生インダクタンスを小さくすることができます．

また，この閉回路に磁束が鎖交すると，磁束を弱める方向に誘導電流が発生し，観測波形にノイズとなって現れます．誘導電流は閉回路に鎖交する磁束の数に比例するので，閉回路をできるだけ小さくすることによって，このノイズも小さくすることができます．　　　　　　　　　　　　　　　　〈青木 正〉

直伝！匠の技 ㉞ 測って納得！グラウンドとAC電源の関係

[DVDの見どころ] DVD番号：E-13

- ●[実験] 壁のコンセントに来ている電圧を測ってみる
- ●[講義] 3ピンの電源プラグに2ピンの変換アダプタを使う是非
- ●[実演] 2本のプローブを使った疑似差動測定〈編集部〉

直伝！匠の技 ㉟ スペクトラム・アナライザによるOPアンプの雑音特性測定

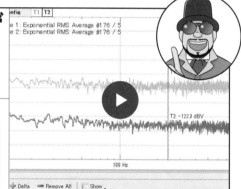

[DVDの見どころ] DVD番号：E-14

- ●[講義] 雑音特性を測定する手順
- ●[講義] 雑音測定回路の構成
- ●[実演] Analog Discovery 2を用いたノイズのスペクトル計測〈編集部〉

直伝！匠の技 ㊱ ディジタル・マルチメータを使ってμVレベルの電圧測定に挑戦

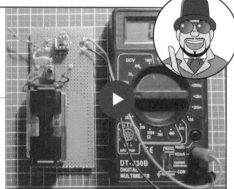

[DVDの見どころ] DVD番号：E-15

- ●[実演] ディジタル・マルチメータで0.1mV未満の電圧を測定するための増幅回路
- ●[実演] 作成した回路で1μ〜200μVの電圧を測ってみた〈編集部〉

直伝！匠の技 ㊲ オシロスコープでリサージュ波形を観測する

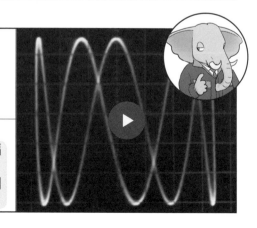

[DVDの見どころ] DVD番号：E-16

- ●[実演] オシロスコープのx軸とy軸にほぼ同一の振幅の2つの信号を入力しリサージュ波形を観測
- ●[実演] リサージュ波形は位相差の測定や周波数の測定に利用できる〈編集部〉

第6章　試して納得！アナログ回路の大実験

直伝！匠の技 ㊳　定数設定のミスは命取り！ちゃんと発振しない発振回路

[DVDの見どころ] DVD番号：F-01〜02
- **実験** ロジックICを利用した発振回路で外付け抵抗の値を変えて発振の変化を確認
- **実験** トランジスタを利用した発振回路に抵抗を追加して発振の変化を確認

〈編集部〉

ピークの左右に大きなスプリアス 裾野も広いことがわかる。

● **油断大敵！ 発振回路はアナログ回路である**

　図1に示すのは，マイコン・ボードに必ず搭載されている，水晶振動子やセラミック振動子とアンプを組み合わせたクロック発振回路です．発振回路は，狙いどおりの周波数で必ず確実に発振してくれると思ったら大間違いです．ロジックICを使っていようとも，発振回路はディジタル回路ではありません．どんなときも油断は大敵なのです．

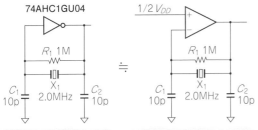

74AHC1GU04　　　　　　　1/2 V_{DD}

R_1 1M　　　　R_1 1M

C_1 10p　X_1 2.0MHz　C_2 10p　　C_1 10p　X_1 2.0MHz　C_2 10p

ロジックICによる発振回路　　OPアンプ（反転アンプ）に置き
（発振しないことがある！）　　換えると問題点が見えてくる

図1　水晶発振回路は発振しないことがある
本稿では発振しない理由とその対処方法を紹介する

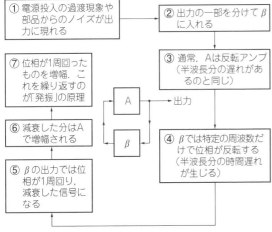

① 電源投入の過渡現象や部品からのノイズが出力に現れる → ② 出力の一部を分けて β に入れる

③ 通常，Aは反転アンプ（半波長分の遅れがあるのと同じ）

⑦ 位相が1周回ったものを増幅．これを繰り返すのが「発振」の原理

A → 出力

β

④ βでは特定の周波数だけで位相が反転する（半波長分の時間遅れが生じる）

⑥ 減衰した分はAで増幅される

⑤ βの出力では位相が1周回り，減衰した信号になる

図2　発振回路の原理
安定発振させるためにはアンプや帰還回路を理解しておく

　電気回路における発振とは「1周回った信号のロスした分を補うと繰り返し信号ができる」ことです．

　回路に十分な遅延（時間遅れ）があり，回路内の損失を補うアンプがあれば発振します．

　図2に発振器の原理を示します．Aはアンプで，トランジスタやOPアンプ，真空管，ICなどが使われます．βは帰還回路で，Aの出力と入力の間に入っています．

　発振するための条件は，次の2つです．

（1）発振回路全体として，一定の時間遅れがある

　Aが0.99 ms，βが0.01 msの遅れでも，合計1 msの遅れとして1kHzで発振します．Aとβどちらがどれだけ，という条件はありません．

（2）発振回路全体としての増幅率が1以上である

　通常はβで損失が発生するので，Aにはそれを補うだけの増幅率が必須です．

　帰還がかかっている回路の発振を止めたいときは，遅延，または増幅率のどちらかをコントロールして「その周波数での増幅率が1未満」という条件を作ればよいです．

① マイコンやロジックICを利用したタイプ

▶ 発振しない理由

　半導体メーカの推奨回路では，**図3**のように外付け抵抗（R_2）が入っている回路があります．しかし，本抵抗の目的と決め方については書かれていません．

　前述した**図1**に示す回路で，**図2**のAにあたるのは，74AHC1GU04とR_1です．R_1はバイアス用と考えれば，発振にそれほど影響しません．74AHC1GU04は入力と出力で180°位相がずれる反転アンプとして動作させています．ここでほぼ半分の遅延があります．

　図2のβに相当するのはC_1，X_1，C_2です．水晶振動子とコンデンサ2つによる共振回路になります．並列共振なので，入力と出力の位相差は180°です．

　Aとβで合わせて360°位相が回る（遅延がある）ので問題なく発振するように思えますが，大事な条件を見落としています．

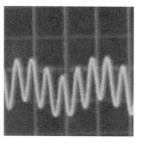
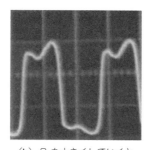
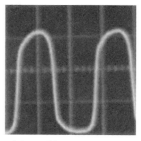

写真1　図3の回路でR_2の値を0Ωから増やしていったときの波形のようす
0Ωでは発振しない．実験しながら振幅や周波数が安定になる最適な値を決める

（a）異常発振する

（b）R_2を大きくしていくと正常動作する

（c）R_2がさらに大きいと正弦波に近い波形も現れる

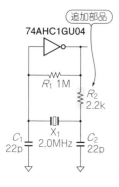

追加部品

74AHC1GU04

R_1 1M

R_2 2.2k

C_1 22p

X_1 2.0MHz

C_2 22p

- CMOSインバータの入力インピーダンスは高いが，出力インピーダンスは低い．
- R_1で負帰還がかかるので，出力インピーダンスはさらに下がる．
- βの中でC_2は重要な共振素子．
- CMOSインバータの出力インピーダンスがC_2のリアクタンスよりも小さくなると，βは正しく共振できない．
- R_2を入れてβ側から見たA側のインピーダンスを上げることで，正しく発振する（動画では5kΩの半固定抵抗を使用）．
- CMOSインバータは裸ゲインが数十倍しかないので，負帰還がかかっていても，入力インピーダンスはそれほど低くない

図3　共振回路になっているβが正しく動作するには，アンプAの入出力インピーダンスを考えておく

　並列共振回路が正しく動作するには，並列に接続されるアンプAの入出力のインピーダンスは十分に高くする必要があります．この回路のAは「負帰還がかかった反転アンプ」なので，出力インピーダンスはかなり低いです．入力インピーダンスも，OPアンプ回路ならば「反転アンプの仮想接地点」なので，これも低いです．74AHC1GU04の増幅率を20とすれば，入出力とも，オープン・ループ時の約1/20のインピーダンスになります．

　C_1，C_2のリアクタンスよりも低いインピーダンス（抵抗成分）を接続すると，βで共振が起きません．正常な遅延は得られず，発振しない，という結果になります．

▶対処方法

　74AHC1GU04の出力側はMOSFETのドレインであり，インピーダンスは高くありません．5Vで10mA流す能力があるとき，約500Ωです．負帰還により，さらに低くなります．10pFのC_2のリアクタンスは，2MHz時に約8kΩです．

　回路を発振させるには，Aの出力インピーダンスをC_2のリアクタンスより十分に高くします．そのため，Aの出力側に抵抗R_2を追加すると，発振の条件を満

たすことができます．

▶実験

　動画（DVD番号：F-01）では，2.0MHzのセラミック振動子と74AHC1GU04の発振回路を用意し，R_2を5kΩの半固定抵抗にして抵抗値を変えています．

　R_2を0Ωから大きくしていくと，いったん不安定で高い周波数で発振します［**写真1(a)**］．さらに抵抗値が大きくなると，正しく2.0MHzで発振します．抵抗値を大きくしていくと，方形波に近い波形［**写真1(b)**］から正弦波に近い波形［**写真1(c)**］まで変化します．水晶振動子によっていろいろな状態が現れます．

　振幅や周波数が一番安定する条件を見つけるには，ある程度カット・アンド・トライが必要です．

② トランジスタを利用したタイプ

▶安定しない理由

　RF回路でよく使われるコルピッツ回路やハートレー回路なども他の発振回路と同じです．回路のインピーダンスを考えて設計します．

　図4に典型的なコルピッツ発振回路を示します．発振はしますが，あまり良い特性にはなりません．性能が良くないのは，トランジスタや抵抗によって共振回路βのQ（クオリティ・ファクタ）が低下するからです．具体的には，トランジスタのエミッタ側は，インピーダンスが低い上に，並列に抵抗も入っていることが原因です．

▶対処方法

　共振回路がLとCだけで，トランジスタが正帰還によりQを高くする方向に動作するときは，発振が安定します．トランジスタのエミッタ抵抗は，回路全体の性能を悪化させる要因となります．

　例えばC_2が22pF，発振周波数が400MHzだとすると，C_2は約36Ωのリアクタンスを持っています．

　エミッタ抵抗R_2が470Ωだとすると，C_2とR_2による並列のQは約13です．トランジスタのエミッタ側も内部インピーダンスが低いので，Qはさらに下がります．

　共振回路とエミッタの間に抵抗を入れると，回路全体のQが上がり，安定度も向上します．

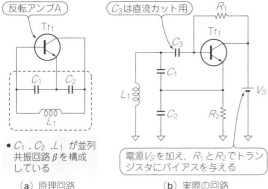

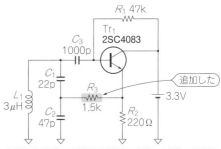

（a）原理回路

・C_1, C_2, L_1 が並列
　共振回路 β を構成
　している

（b）実際の回路

電源V_Sを加え，R_1とR_2でトランジスタにバイアスを与える

図4　トランジスタを利用したコルピッツ発振回路
（a）は発振に最低限必要な部品だけで構成．（b）はコレクタ接地回路．基本接続は（a）と同じ

・R_3を入れることで，C_2のQは約1.5から10に改善する
・波形ひずみが減り，ジッタやドリフトが減ることを観測できる

図5　不安定要因がわかれば抵抗1本で特性を改善できる
トランジスタのエミッタ側の回路がQを下げている．考え方を次の①〜②に示す．①発振周波数は約22 MHzである．②C_2と並列にR_2が入っていてL_1，C_1，C_2の共振回路のQを下げる．③C_2のリアクタンスは$-j150\,\Omega$程度なのでR_2はC_2のQを大幅に下げている．C_2のリアクタンスの絶対値がR_2より小さいと正常な発振すらしない．ここのQを上げると発振は安定する

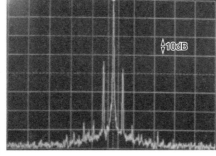

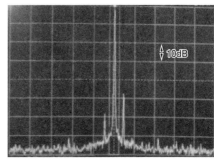

写真2　図5の特性をスペクトラムで比較
R_3の有無で，中心周波数の裾野の広がり方が変わる

（a）抵抗がないとき

（b）抵抗を入れたとき

▶実験

　図5に実験回路を示します．トランジスタ1石の発振回路なので，安定度は高くありません．

　トリガ$200\,\mu$秒後からの波形をオシロスコープで観測します．周波数が安定していれば，画面の波形は止まった状態になりますが，ドリフトがあれば左右に動きます．ジッタを含んでいるとき，波形の輝線が幅の広い表示になったりします．

　スペクトラム・アナライザでも観測してみましたが，R_3の有無で，中心周波数の裾野の広がり方が変化します（写真2）．

　実際のRF発振回路では，入力インピーダンスの高いバッファを入れたり，トランジスタの動作点を制御したりして，スプリアスを抑え，より安定な発振となるように設計します．　　　　　　〈脇澤　和夫〉

（初出：「トランジスタ技術」2018年4月号）

直伝！匠の技 ㊴ OPアンプを発振させたくないときに！増幅器の位相余裕を把握する方法

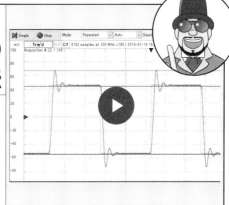

[DVDの見どころ]　DVD番号：F-03
・講義　バルクハウゼンの発振条件
・講義　増幅器の位相余裕を推定する方法
・実験　実験回路でリンギング波形を観測し，位相余裕を推定する

〈編集部〉

直伝！匠の技 ㊵ 冷却スプレーにもたじろがない！ゲインを安定させる抵抗の選び方

アナログ回路用の抵抗種

アナログ回路に用いられる主なチップ抵抗種類

1. メタルグレーズ厚膜抵抗（THICK FILM）
   RK73H（KOA）
   精度：±0.5％，±1％
   温度係数：±100ppm/℃　±40

2. 金属皮膜薄膜抵抗（METAL FILM）
   RN73（KOA）
   精度：±0.05％ 〜 ±1％
   温度係数：±5ppm/℃ 〜 ±100ppm/℃

RK73H角形チップ抵抗器，RN73角形金属皮膜チップ抵抗器，KOA.

[DVDの見どころ]　DVD番号：F-04

- **講義** 増幅器のゲイン安定度は抵抗値で決まる
- **講義** 主なチップ抵抗の紹介…厚膜タイプと薄膜タイプ
- **実験** 冷却スプレー攻撃！温度変化に過敏に反応する厚膜タイプ

〈編集部〉

●「たかが抵抗」と思ったら大間違いなのだ

OPアンプを用いた増幅器の仕上がりゲインは，外付けの抵抗値で決まります．つまり，使用する抵抗の精度がそのままゲインに影響します．

高精度/高安定なアンプを設計するとき，使用する抵抗の性能を慎重に検討します．抵抗値精度以外にも温度安定度が重要で，温度変化によりアンプのゲイン・ドリフトが発生します．

● 計測回路を作るなら薄膜タイプ

抵抗値の精度と温度安定度に注目します．

アナログ回路に使用される表面実装抵抗は，金属皮膜型が主流です．金属皮膜抵抗には，メタルグレーズタイプと薄膜タイプの2種類があります．

メタルグレーズ厚膜抵抗は，安価に製造できるので精度を必要としないアナログ回路で使われています．

金属皮膜薄膜抵抗は，高価ですが，精度，温度係数が良いので，高精度なアナログ回路に使われます[2]．

● 冷却スプレーで一撃をくらわせてみる

抵抗の温度特性の違いがアンプの特性にどのように

写真1　冷却スプレーを用いて温度の影響を評価する
ピンポイントで特定の部品の温度を変えられる

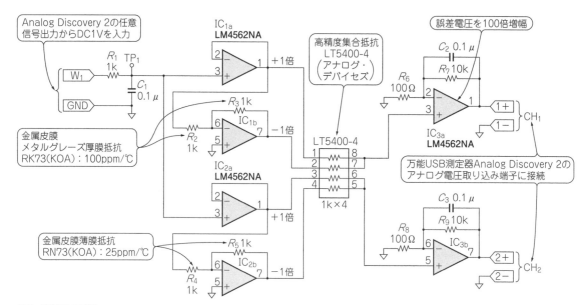

図1　実演用の回路
高精度・高安定なアンプを設計するときは，使用する抵抗の特性を考慮して選定する．反転アンプの増幅率の精度と温度安定度は，抵抗値R_SとR_Fの相対精度と相対温度係数で決まる

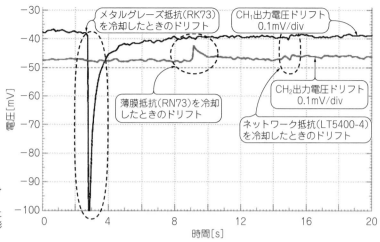

メタルグレーズ抵抗(RK73)
を冷却したときのドリフト

CH₁出力電圧ドリフト
0.1mV/div

CH₂出力電圧ドリフト
0.1mV/div

薄膜抵抗(RN73)を冷却
したときのドリフト

ネットワーク抵抗(LT5400-4)
を冷却したときのドリフト

図2 2種類の抵抗器に冷却スプレーをかけてみた
厚膜より温度係数の小さい薄膜のほうが圧倒的に変化が小さい. ネットワーク抵抗は温度変化の影響がみえないくらい小さい

縦軸:電圧[mV] 横軸:時間[s]

影響するのか実験を行いました. **図1**に実験回路を示します. ゲイン1倍のボルテージ・フォロワと, ゲイン−1倍の反転アンプを用いてプラス・マイナス対称の電圧を生成します.

入力にはUSB万能測定器Analog Discovery 2 (Digilent)からDC1Vを加えます. アンプより出力される+1V, −1Vの電圧を精度の良い同じ値の抵抗1kΩ(LT5400-4)で分圧すると, ちょうど0Vになります. しかし, 反転アンプに使用する抵抗の性能により, 若干の誤差電圧が生じます. その誤差電圧を約100倍に増幅して観測します.

2つの回路を用意し, 1つにはメタルグレーズ厚膜抵抗RK73(KOA), もう片方は金属皮膜薄膜抵抗RN73(KOA)を取り付け, 抵抗の性能比較を行います.
▶温度変化に弱い厚膜タイプ

回路の温度影響度をシンプルに確認するため, ヘア・ドライヤや冷却スプレーを利用します. **写真1**に示す冷却スプレーを利用し, 抵抗の温度を急激に変化させ, 温度影響度を確認します.

結果を**図2**に示します. メタルグレーズ厚膜抵抗に比べ, 金属皮膜薄膜抵抗のほうが, 温度の影響が小さいとわかります. 回路の温度影響度は, このようなシンプルな実験でも把握できます.

● もっと高性能を狙えるネットワーク抵抗

精度/温度係数の良い抵抗部品は価格が高くなります. 温度特性が1 ppm/℃以下の部品は, 指数関数的に価格が跳ね上がり, 1個数千円も珍しくありません.

ゲイン精度0.1 %以下, 温度係数10 ppm/℃以下のような高精度アンプを設計するとき, 回路特性にマッチした部品を利用すると, 比較的安価に作れます. ポイントは次の2点です.

(1) アンプは抵抗値の絶対精度ではなく, 抵抗値の相対比精度でゲインの精度が決まっている
(2) 抵抗値のばらつきが小さく温度トラッキング特

性の高い「ネットワーク抵抗(集合抵抗)」を利用すると, 抵抗値の相対精度を上げられる
▶抵抗値の相対精度と温度トラッキング

アンプのゲインは, 抵抗比率で決まります. それぞれの抵抗値の絶対精度ではなく, 2つの抵抗値の相対精度が回路性能に影響を与えます. 相対値精度が重要なとき, ネットワーク抵抗を使用すると, 比較的安価に目的の性能を確保できます.

ネットワーク抵抗は, 1つのパッケージ内であれば抵抗値や温度特性のばらつきを小さく製造できるので, 相対精度が高くなります. パッケージ内は温度が比較的均一であるので, 各抵抗が同じ温度ドリフトをすることで高い温度トラッキング特性が得られます.
▶高精度アナログ回路専用ネットワーク抵抗LT5400シリーズ

抵抗の温度影響度実験では, ±1Vの誤差電圧を検出するために1kΩのネットワーク抵抗LT5400-4(アナログ・デバイセズ)を用いました. 高精度アンプを設計するために作られた部品です. 約2千円で, 相対精度0.01%, 相対温度係数0.2 ppm/℃が得られます.

図1に示す温度影響度の実験でLT5400-4の冷却も行いましたが, ほとんど影響は見られませんでした. 高精度アンプを設計するとき, コスト・パフォーマンスを上げるために使用したい部品です.　〈田口　海詩〉

◆参考文献◆
(1) 岡村 廸夫:定本 OPアンプ回路の設計, pp.137〜146, CQ出版社.
(2) 小川 一朗(おじさん工房);抵抗の雑音が見える! 1nV/√Hz 低雑音プリアンプ, トランジスタ技術2014年8月号, CQ出版社.
(3) KOA, RK73H 角形チップ抵抗器(精密級)データシート.
(4) KOA, RN73 角形金属皮膜チップ抵抗器データシート.
(5) http://cds.linear.com/docs/en/datasheet/5400fc.pdf

(初出:「トランジスタ技術」2018年4月号)

広帯域化／低ひずみ化／低オフセット化…高性能化の技「フィードバック」

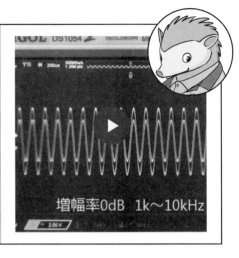

- **実験** 周波数特性の伸び対決！負帰還量の多いアンプと少ないアンプ
- **実験** DCオフセット対決！負帰還量の多いアンプと少ないアンプ

〈編集部〉

● 負帰還の原理

標準的なOPアンプの入力部に使われている差動アンプは2つの入力信号を比較して，その差分がゼロになるように増幅動作します．

OPアンプの＋IN端子に入力信号，－IN端子に出力をそのまま入力（100%帰還）すると，入力信号と出力信号が等しくなるように動作します．このとき，

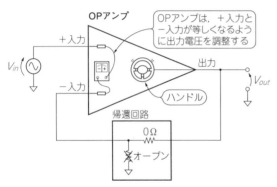

図1 負帰還増幅回路の基本形

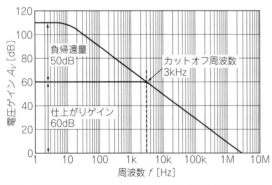

図2 交流信号の実験時の回路（仕上がりゲイン60dB時の定数）
OPアンプ回路の仕上がりゲインと同じ比率のアッテネータを入力部に挿入し，入出力信号の振幅をそろえて，比較しやすくする．R_5を追加して－入力端子から見た抵抗値と＋入力端子から見た抵抗値を，等しく100kΩにすることで，DCオフセットを最小限に抑える．仕上がりゲイン0dB時はR_1を0Ωに変更し，R_2，R_3，C_2を取り外す

OPアンプの内部回路の非直線成分も補正されます．また負荷が変動して誤差が生じても瞬時に補正します．図1に示すように，ワダチに車輪が取られて曲がってしまうところをハンドル操作で補正して，まっすぐ道なりに走る車のようなイメージです．補正量は負帰還量に比例します．たくさん負帰還をかけると，それだけ入力と出力の誤差が減ります．

OPアンプの仕上がりゲイン（クローズド・ループ・ゲイン）と負帰還量には図2に示すような関係があります．仕上がりゲインを上げると負帰還量は減り，負帰還量を増やすと仕上がりゲインは減ります．

● 帰還量の違う2つの回路

OPアンプを負帰還なしで動作させることは難しいので，仕上がりゲインを60dBにした回路と，仕上がりゲイン0dBで負帰還が大きくかかった回路を比較します（図3）．仕上がりゲインが60dBのときは，出力電圧が等しくなるよう入力部に－60dBのアッテネータを挿入します．

非反転アンプの仕上がりゲインは$1+R_4/R_3$で求まります．入力アッテネータの減衰率は次のとおりです．

$$減衰率 K = \frac{R_2}{R_1 + R_2}$$

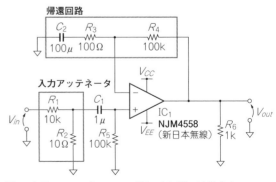

図3 定番OPアンプNJM4558（新日本無線）で実験する
仕上がりゲインを60dBにすると負帰還量は約50dBになる．カットオフ周波数は約3kHzになることが予想できる

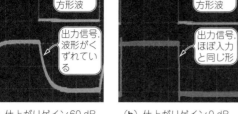
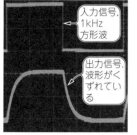

（a）仕上がりゲイン60 dB　　（b）仕上がりゲイン0 dB
　（負帰還量50 dB）の波形　　　（負帰還量110 dB）の波形

写真1　NJM4558に1kHz方形波を入れたときの応答波形
同じOPアンプでも設定するゲインによってこれだけ波形が変わってしまう

定番OPアンプNJM4558の場合，オープン・ループ・ゲインは110 dBなので，仕上がりゲインを60 dBで使用すると，負帰還量は50 dBになります．

● 実験① 周波数帯域の改善

図2はNJM4558のオープン・ループ・ゲインの周波数特性です．仕上がりゲインを60 dBに設定すると，カットオフ周波数は約3 kHzと低くなります．

NJM4558を使って100 kHzまでの周波数帯域を確保するには，仕上がりゲインを30 dB以下にします．**写真1**に0 dB時と60 dB時の1 kHz方形波の入出力波形を示します．

図3は実験回路です．仕上がりゲインが高いと，わずかな入力オフセット電圧があっても出力が電源電圧に張り付くため，ACアンプ（交流のみ増幅，直流では大きな負帰還がかかっている）にしています．0 dB時は，入力アッテネータを削除し，R_3とC_2を取り外します．

正弦波を1 k〜10 kHzまでスイープさせて周波数を上げると出力レベルが下がっていくようすを動画（DVD番号：F-05〜07）に収めました．50 kHz以上では，スルー・レート制限を受けて波形が崩れるようすも見ることができます．

● 実験② DCドリフトの改善

NJM4558のデータシートには，入力オフセット電圧 $V_{IO}=0.5\,\mathrm{mV_{typ}}$ と書かれています．これは仕上がりゲイン0 dB時の特性です．実際には，このオフセット電圧が仕上がりゲイン倍に増幅されて出力されます．仕上がりゲイン60 dBのときは1000倍です．

実験では，ドライヤで熱を加えたときに，どう変化するかを0 dBと60 dB時で比較した動画（DVD番号：F-08〜09）を撮りました．

比較したときの回路を**図4**に示します．ドライヤで温めているため，周囲の抵抗なども一緒に温まります．実験結果は次のようになりました．

- 0 dB時：1.0 mVから0.9 mVまでの0.1 mVの変化
- 60 dB時：813 mVから795 mVへと20 mV以上変化

DCオフセットが約1000倍になっているので，周囲温度変化によるDCドリフトも約1000倍になるはずですが，測定限界のため200倍ほどしか見えません．

● 実験③ ひずみの改善

ひずみ率は一般的に1 kHzで測定しますが，仕上がりゲイン60 dB時の帯域が約3 kHzと狭いため，1 kHzでの計測では高調波が減衰してしまいます．そこで100 Hzの正弦波（$2\mathrm{V_{RMS}}$）で比較してみました．

60 dBと0 dB時では負帰還量が1000倍違うので，原理的にはひずみが1/1000に減ります．

ノイズを除去して10次までの高調波から算出する全高調波ひずみ率（THD：Total Harmonic Distortion）測定を行いました．測定にはオーディオ・アナライザVP-7722A（パナソニック）を使いました．ひずみ率計測の最小レンジは0.0003%です．

実験回路は**図2**と同じです．モニタ波形の結果を**写真2**に示します．

- 仕上がりゲイン60 dB：0.732%
- 仕上がりゲイン0 dB：0.00071%

約1/1000に改善しました．　　　〈Takazine〉

（初出：「トランジスタ技術」2018年4月号）

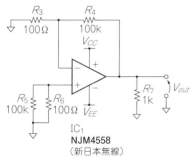

図4　アンプのDCドリフトを測ることができる回路構成（仕上がりゲイン60 dB時）
＋入力端子と－入力端子から見た抵抗値を一致させておく必要がある．ゲイン0 dBで計測するときはR_3とR_6の100 Ωを削除する

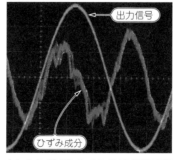

（a）仕上がりゲイン60 dB（負帰還量50 dB）

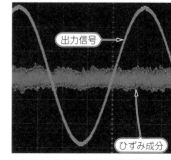

（b）仕上がりゲイン0 dB（負帰還量110 dB）

写真2　負帰還量が増えるとひずみが減る
アンプ出力のひずみ成分をモニタした

電気・電子
アナログ
ディジタル
製作実習
測定
回路実験
基板・雑音
RF
電源回路
放熱
センサ
高精度A-D

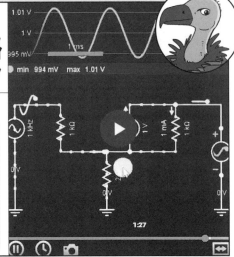

繊細なアナログ回路とダイナミックなディジタル回路を混載する配線テクニック

[DVDの見どころ] DVD番号：G-01～02

- (講義) 複数の回路のグラウンドと共通インピーダンスの関係
- (シミュレーション) 抵抗だけのモデルで配線を表現し，共通インピーダンスの影響をビジュアル化
- (シミュレーション) 高速ディジタル回路でグラウンド配線を変更すると出力はどうなる？

〈編集部〉

● **2つの回路が共有する電源とグラウンドの配線がよくないと回路動作に影響が出る**

複数の回路の動作電流が流れる共有配線のインピーダンスのことを「共通インピーダンス」と呼びます．

図1で電源V_1と回路1の間に入っている配線1と配線2は，回路2と共通になっています．回路1に流れる電流が変化すると，回路2が動作していないときでも，配線1と回路1間の電位P_3点が変動するので，回路2の出力が変化します．

このように共通インピーダンスがあると本来変動していない回路が他の回路の変化の影響を受けて，回路動作が不安定になります．

動画（DVD番号：G-01）では，電子回路シミュレータEveryCircuitを使い，共通インピーダンスがあることで回路1が回路2に影響を与えることを示しています．

● **数百kHzまでのアナログ回路のグラウンド・パターンで発生する変動電圧**

低周波のアナログ回路は，ディジタル回路に比べると出力の微小な変化が問題となります．

図2に示す回路では，グラウンド（アース）間の抵抗は0Ωです．実際には，プリント・パターンで引くと，配線幅0.3 mm，長さ10 cm，銅はく厚35 μmでは約0.16 Ωの抵抗値となります．これに0.1 Aの電流が流れると，16 mVの電圧降下が生じます．

通常のディジタル・ロジック回路動作では，この電圧を考えていなくてもよいのですが，アナログ回路では考慮します．例えば，5 Vの12ビットA-Dコンバータの1ビットは約1.2 mVなので，1桁大きな変動を受けることになります．

● **点から四方に配線する必殺対策「1点アース」**

グラウンドは，回路ごとに分かれたプリント・パターンで配線することが基本です（**図3**）．

図3では，グラウンドと電源の両方の共通インピーダンスを分けた例を示しています．通常，低周波アナログ回路では，グラウンドを基準にしています．グラウンド側の共通インピーダンスによる問題の対策が主となります．

グラウンド側の共通インピーダンスができないよう

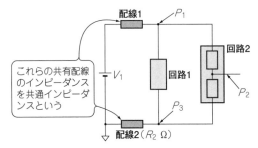

図1 回路1の動作電流も回路2の動作電流も流れる共有配線のインピーダンスのことを「共通インピーダンス」と呼ぶ
回路1の変化による電流が配線2に流れると，回路2の出力が変動する

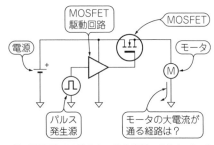

図2 一般の回路図ではグラウンドを抵抗0Ωとしている
モータのように大きな電流が流れるリターン経路も回路図上では抵抗0Ω，インダクタンス分0Hのグラウンドにつながっている．実際の回路では，グラウンド間の抵抗やインダクタンスがゼロではない．他の回路と共通インピーダンスになっていると問題が発生する

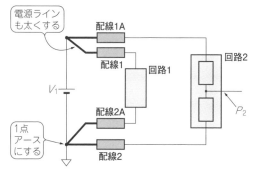

図3 共通インピーダンスをなくす1点アース
主に低周波アナログ回路に用いられる. 図1に示すグラウンド側の共通インピーダンスは, 配線2と配線2Aに分けて共通インピーダンスをなくしている. 電源側でも配線1と配線1Aに分けて共通インピーダンスをなくしている

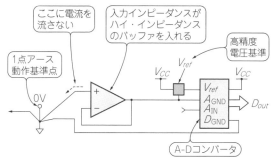

図4 1点アースまでの配線に流れる電流を減らす方法の例
0V基準電位だけが必要なときは, 基準となる1点アースまでの配線に電流を流さないようにする. 回路動作用の電源とグラウンド配線は, 別配線としている

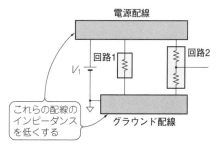

図5 片面/両面基板を利用するときは電源パターンとグラウンド・パターンをできるだけ太くする
グラウンドのインピーダンスを低くする

にする. この配線方法を1点アースと呼びます.

ある基板でのグラウンド基準点は1つです. 複数の回路があるときは, 各回路から1点アースのグラウンド基準点までのプリント・パターンが長くなることがあります. グラウンド・パターンの配線抵抗が1Ωになっても, 独立したプリント・パターンで配線すれば他の回路との干渉が避けられます.

● **1点アースにつながるプリント・パターンに電流を流さない方法**

高精度A-Dコンバータの動作基準のグラウンド点と1点アースのグラウンド基準点間のプリント・パターンが長いと, その配線抵抗によりグラウンド電位が0Vでないことがあります. このようなときは, 図4に示すようにバッファを入れて(A-Dコンバータ電圧基準のグラウンド点近くに配置する), 1点アースの0Vと電圧基準グラウンド間のプリント・パターンに電流を流さないようにします.

図4のバッファの出力電流が不足するときは, トランジスタなどと組み合わせて電流を増やします.

● **高速ディジタル回路で問題になる共通インピーダンスと対策**

図3に示すようにプリント・パターンの分離を行うと, 配線インダクタンスが無視できません. 配線幅0.3mm, 長さ10cm, 銅はく厚35μmで約140nHです. 100MHzの信号が印加される場合, このインピーダンスは100Ω近くになります.

実際には, 周囲の金属との間の容量により, このインピーダンスはもう少し小さい値になっていると考えられますが, 長いプリント・パターンでグラウンドを引き回すと, ディジタル回路でも基準電位が大きく変動して誤動作につながる可能性があります. このようすを動画(DVD番号：G-02)で示しています.

ディジタル回路では, 図5に示すように共通インピーダンスは残しますが, 電源パターンとグラウンド・パターンを太くし, インピーダンスを低くして, 他の回路の電流変動があっても, あまり出力に影響が出ないようにします.

4層基板などでは, 内層をベタのグラウンド・パターン層とベタの電源パターン層にします. 各回路から内層への配線は, ピンの直近にビアを使って極力短く太い配線で接続し, 電源インピーダンスを低くします.

ディジタル回路のように数十MHz以上の成分を持つ信号を扱うときは, 信号パターンはベタ層の直近の金属層で配線します. 高速信号は, プリント・パターンと直近のベタ層間を進むため4層基板にするのが基本ですが, ディジタル回路を両面基板で作るときは, 信号パターンとグラウンド・パターンは極力ペア配線にします.

〈山田 一夫〉

（初出：「トランジスタ技術」2018年4月号）

電気・電子
アナログ
ディジタル
製作実習
測定
回路実験
基板・雑音
RF
電源回路
放熱
センサ
高精度A-D

直伝！匠の技 ㊸ いなくなって初めて大切さに気づく… 電源安定化コンデンサ「パスコン」

[DVDの見どころ] DVD番号：G-03

- シミュレーション ICの電源ピンとグラウンドの間に挿入するパスコンへの配線長の違いによるノイズの変化

〈編集部〉

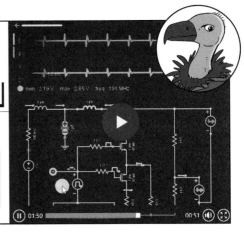

パスコンとは，不要な信号などをバイパスするコンデンサです．高速な電流変動が大きいデバイスでは，外部電源から短時間に多くの電流を取り込みます．このとき，デバイスの直近に高速に応答するコンデンサを配置して，電源との間のプリント・パターーンに急速に変化する電流が流れないようにし，回路の安定化を図ります．

● 配線のインダクタンスを考慮する

ディジタルICやアナログICを基板上に搭載するときは，できるだけ電源ピン近くにパスコンを配置します．

図1はディジタル・デバイスの電源系の概念図です．C_1 が各デバイスの近くに配置するパスコンです．C_1 には配線インダクタンス L_1，L_2 が付いています．C_0 は大容量コンデンサで，通常，基板の電源入力部に置かれます．L_v は電源パターンのインダクタンス，L_G はグラウンド・パターンのインダクタンスです．C_1 自体にもインダクタンスがありますが，ここでは除外しています．

C_0 は基本的に基板内のゆっくりした電流変動があったとき，デバイスに電源を供給します．デバイスのそばに配置する C_1 はデバイスで高速な（数十MHz以上）電流変化があったときに，電流をデバイスに供給

する役目を持ちます．このとき，C_1 からの電流は，デバイス内のインダクタンスや浮遊容量を無視すると，インダクタンス分（$L_1 + L_2 + L_3$）が大きいほど遅くなります．多くのディジタル・デバイスの立ち上がり時間がns以下と短くなってきているので，これらのインダクタンスが小さくなるようにプリント・パターンを設計します．

● パスコンにつながるプリント・パターン

図2に電源ピンとパスコンにつながるプリント・パターン例を示します．細く長いプリント・パターンなので，インダクタンスは1nHよりも大きくなっていることも考えられます．

対策後のプリント・パターン例は，図3に示すように電源ピンのすぐそばにコンデンサを配置しています．

電源ピンとパスコン間のプリント・パターンを太くしているので，対策前と比べると配線インダクタンスは小さくなります．デバイスの電源ピンからIC内部のチップの間にもインダクタンスがあります．対策前はその内部インダクタンスと同程度かそれより大きいと考えられます．プリント・パターンによっては回路動作を不安定にさせます．

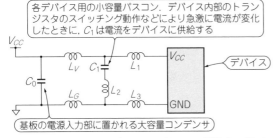

各デバイス用の小容量パスコン．デバイス内部のトランジスタのスイッチング動作などにより急激に電流が変化したときに，C_1 は電流をデバイスに供給する

基板の電源入力部に置かれる大容量コンデンサ

図1 パスコンにつながるプリント・パターンの配線インダクタンス
C_1 の電源側の端子とデバイスの電源ピン間の配線インダクタンス L_1 が小さくないと，高速に電流を供給できない

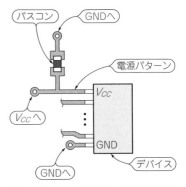

図2 パスコンと電源ピン間の配線が細長いので，配線インダクタンスが大きくなり電源ノイズが大きくなる（悪い例）

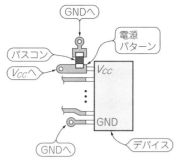

図3 パスコン-電源ピン間が最短に配線されているので配線インダクタンスが小さくなり電源ノイズを抑えられる(良い例)

　図3に示すようにパスコンとデバイスの電源ピン間を太く短いプリント・パターンで接続すると，IC内部のインダクタンスが支配的となり，回路の動作が安定します．図4に多層基板を利用したときのパスコン配置例を示します．

▶パスコンのグラウンド側の配線も短く太くする

　電源側とデバイスの電源ピン間のプリント・パターンは短く太くします．パスコンのグラウンド側はどうでしょうか．電源側のインダクタンスが小さくても，パスコンのグラウンド側も低いインダクタンスのグラウンド層につながっていないと，高速な電流が電源ピンに供給されません．デバイスのグラウンド・ピンとグラウンド層間も短く太いプリント・パターンで接続します．

● 回路シミュレータで配線インダクタンスの影響を見てみる

　動画(DVD番号：G-03)では，パスコンからデバイスの電源までのインダクタンスの大きさによって出力にどれほど変化が出るかを示しています．
　100MHzのパルスが十分な速さで立ち上がる波形を示すために，内部パラメータが可変できるMOSFETモデルを使ってスイッチングさせています．回路内では1μFのパスコンを配置しています．パスコンとデバイス間の配線インダクタンスが1μHと，0.01μHのときで出力の波形を見ています．1nHは長さ10mm程度のプリント・パターンに相当します．一般の回路ではインダクタとして認識されないほど小さい値ですが，図5に示す結果から高速ロジック信号では無視できないということがわかります．実際のデバイスでは，入出力に浮遊容量もあり，変動はもう少し小さくなります．

　　　　　　　＊　　　　　　＊

　数十MHz以上で高速に変化するディジタル・デバイスには，その変化に対応する電流を供給します．その役目は，デバイスの近くに配置されるコンデンサ(パスコン)が担います．

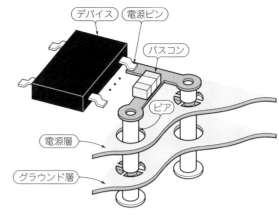

図4 多層基板を利用したときのパスコンの配置と配線パターンを断面で見たところ
デバイスの電源ピンの近くにパスコンを最短で配置し内層の電源層とグラウンド層にビアで接続する．デバイスのグラウンド・ピンと内層グラウンド間も最短で接続する

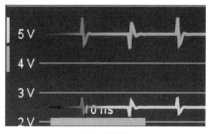

(a) 対策前

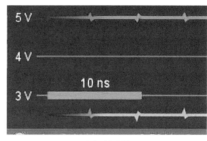

(b) 対策後

図5 対策前は1V近い電源変動が出ているが対策後は1桁程度小さくなっている(シミュレーション)
対策前はパスコンと電源ピン間のインダクタンスが1nH，対策後は0.01nHとして比較した．回路シミュレータEveryCircuitは，リアルタイムで配線インダクタンス変更時の波形を見られる

　パスコンの電源側端子とデバイスの電源ピン間の配線インダクタンスが十分小さくないと，高速にデバイスに電流を供給できません．この間の配線インダクタンスを減らすため，デバイスの電源ピンとパスコン間のプリント・パターンは太く短くします．パスコンのグラウンド端子側も太く短いプリント・パターンでグラウンド層につなぎます．　　　　　〈山田　一夫〉

(初出：「トランジスタ技術」2018年4月号)

電気・電子

アナログ

ディジタル

製作実習

測定

回路実験

基板・雑音

RF

電源回路

放熱

センサ

高精度A-D

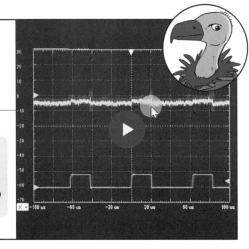

直伝! 匠の技 ㊹ 油断禁物！ノイズは配線の小さな隙間を探して侵入してくる

[DVDの見どころ] DVD番号：G-04～05

- 講義 配線ループ間の磁気結合のしくみ
- 実験 送信側と受信側共にループ面積を大きくする
- 実験 送信側のループ面積を小さくする
- 実験 送信側/受信側共にループ面積を小さくする

〈編集部〉

● 電磁ノイズは，電流が多くループ面積が大きいほど強くなる

　ロボットや自動車などではモータ駆動回路が利用されています．これらの回路には低周波数の大きな電流が流れます．DCモータでは，図1に示すようにパルス幅を可変して回転数を変える方法がよく使われています．

　導体のループに電流が流れるとループ周囲の空間に磁界ができます．ループで発生する磁界は，電流が多く流れ，ループ面積が大きいほど強くなります．

● 基板上で発生したノイズは，空中を飛んで回路に飛び込んでくる

　図2に示すように，2つの導体のループ同士が，近くにおかれているときに一方の導体に電流が流れると，ループ面積が大きいほど強い磁界が発生します．

　第1のループの電流が変化せず，両方のループも空

間的に固定されていれば，第2のループは影響を受けません．第1のループの電流が時間変化して周囲の磁界が時間変化すると，第2のループに電流が誘起されます．第1のループの電流の時間変化が速いほど，強い電流が，第2のループに誘起されます．ループの面積は，第1のループと第2のループが大きく，ループ間の距離は近いほど第2のループに強い電流が誘起されます．

● 配線例

　図3に，信号線と平行するグラウンド配線の描き方の例を示します．

　回路ループに時間変化する電流を通すと，ループ面

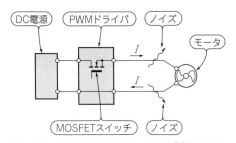

図1　モータ駆動回路ではスイッチング動作により大電流が流れ，周囲にノイズを放出する恐れがある

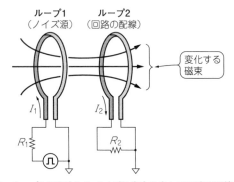

図2　ループ1で発生したノイズは空中を介して回路の配線が作るループ2と結合し，回路(R_2)にノイズ電流を発生させる
ループ1に時間変化する電流I_1を流すと，ループ2に電流I_2が誘起される．それぞれのループ面積が大きく，変化時間やループ間距離が短いと強い電流がループ2に誘起される

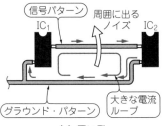
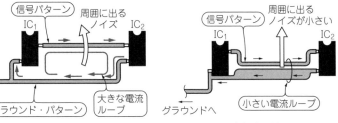

図3　信号線と平行するグラウンド配線の間のループ面積を最小にするとノイズが低減する

（a）悪い例　　　　　　　　（b）良い例

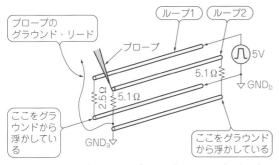

図4 発生側，受け側共にループを大きくしてノイズ干渉を確認する
ループの長さ約30 cm，ループの高さ3 cm，ループ間隔約5 mm. 低周波大電流駆動のモータ回路を想定して発生側／受信側とも線路端の抵抗は小さい値に設定する

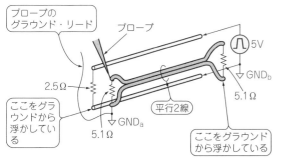

図6 受け側のループを小さくしてノイズ干渉を確認する
ループの長さ約30 cm，ループの高さ3 cm，ループ間隔約5 mm. ノイズ発生側がループになっているときに，受け側回路のループも小さくした状態で，ノイズ干渉がどの程度減るか実験する

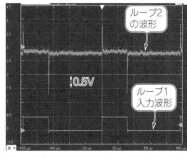

図5 発生側と受け側のループが大きいときは立ち上がり／立ち下がりの部分でひげが観測されている
x軸20 μsec/div，y軸0.1 V/div（上波形），5 V/div（下波形）

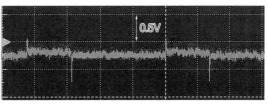

図7 受け側だけのループが小さいときは立ち上がり／立ち下がりの部分で，ひげは図5に比べ1/3程度に低下する

積が大きいほどノイズが発生します．ノイズは時間変化が大きいほど，周囲に電磁界を放出し，近くにある回路ループに電流（ノイズ）が誘起されます．発生側の負荷抵抗が低く，電流が多いとき，ループ間は磁気結合が主です．受け側のループ面積が大きいと，受けるノイズも大きくなります．**図3(b)**に示すように発生側，受け側ともループ面積を小さくなるようにして対策します．

● **ノイズ干渉の実験① ループ面積を大きくする**
▶セットアップ

図4に本実験のセットアップを示します．5 V出力のPWMモータ駆動回路を発生回路側に使用します．負荷は2.5 Ωの電力抵抗にしてON時の電流が2 Aになるようにしました．発生側のインピーダンスが2.5 Ωと低いので，回路間の結合は磁界結合が支配的になります．

受け側のループも両端につける抵抗を5 Ωと低い値にしました．各抵抗がkΩを超えて電圧が約5 Vのとき，回路に流れる電流がmAオーダと少なくなり，線路間の結合は，磁気結合よりも電界結合のほうが強くなります．

線路長は約30 cm，線路間は約3 cm，発生側の配線と手前の受け側の配線間は約5 mmです．第1のループ

のグラウンドはパルス電源側，第2のループのグラウンドは線路の終端側だけとループの1カ所で取っています．ループの両端でグラウンドに落とすと，グラウンド経路のループのほうが主になることがあるためです．

● **実験①発生側と受け側共にループを大きくする**

受け側のループの波形をプローブで観測しました．誘起される側の観測箇所は，発生側回路の電源とは反対側にしました．第1のループの入力側からプローブに直接結合する分を少なくするため，プローブのグラウンドはGND_aに接続しています．発生側の回路の入力波形も同時に別のプローブで観測しています．

実際のモータは，大きなリアクタンスをもち，なまった波形となります．ここではノイズ応答がはっきりわかる抵抗負荷で実験しています．

図5に本実験の結果を示します．入力信号の立ち上がり，立ち下がり時にループ2の波形にひげが出ています．

● **実験② 受け側のループを小さくする**

図6において，発生側は同じで，受け側を平行2線にして受け側のループ面積を小さくしています．**図7**に示す観測結果を見ると，信号の立ち上がり／立ち下がりで受けている「ひげ」の部分の大きさが，数分の1に小さくなっており，ループ面積を小さくした効果が出ています．

● **実験③ 発生側，受け側共にループを小さくする**

次に両方の線をループ面積が小さい平行2線にした

ときの干渉を実験しました．ひげは図5に比べ1/5程度になりましたが大きな効果はありません．これは平行線路部のループによる磁気結合以外の経路で回路間にノイズ結合があるためと推測されます．線路端の抵抗への配線は，少しループがあり，この部分も近い距離で平行して配置されています．

● ケースにつながるグラウンド配線のループも考慮する

モータなどのように低周波で電流変化の大きな回路への配線はできるだけループを小さくすると同時に，近くの配線もループができないようにするとよいです．

ループを小さくするため，両方の線を平行線にしても，平行線のグラウンド側が両端でケース・グラウンドなど，別のグラウンド（低インピーダンス）に接続されていると，ループ面積低下の効果が出にくくなります．平行線のグラウンド側よりも，低いインピーダンスのほうに電流が流れ，ホット側と低いインピーダンスのグラウンド経路とで大きいループができるためです．

〈山田 一夫〉

（初出：「トランジスタ技術」2018年4月号）

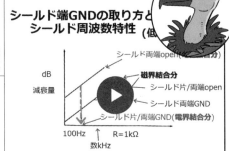

直伝！匠の技 ㊺

グラウンドへのつなぎ方が重要！シールドによるノイズ干渉対策

[DVDの見どころ] DVD番号：G-06～10

- [講義] ノイズ干渉対策としてケーブルをシールドしても，GNDへのつなぎ方により効かない場合がある
- [実験] シールドがない単線の場合，ノイズがどのくらい影響するの？
- [実験] シールドが浮いている場合は？
- [実験] シールドがGNDされている場合は？

〈編集部〉

シールド端GNDの取り方とシールド周波数特性 (低…

dB 減衰量

シールド両端open（…）
磁界結合分
シールド片/両端open
シールド両端GND
シールド片/両端GND（**電界結合分**）

100Hz　数kHz　R=1kΩ

- C結合分は片側のみGNDでも効く
- L結合分は両端グランドが基本

注：ピッグテールはない場合

シールドには，回路基板を囲っているシールド・ケースのシールドと，ケースの外側に出ているケーブルのシールドがあります．

金属のシールド・ケースを使うのであれば，そこからノイズが漏れることはまずありません．したがって，ケーブルからの漏洩が支配的になります．ケーブルをいかにシールドするかが重要です．

● 電界結合分のノイズ対策にはシールドが有効

周波数が数MHzという低周波回路においては，ケーブルの先に付いている負荷抵抗が大きく，かつ電流の時間変化が少ない場合（すなわち磁界的なノイズが少ない場合），線路からのノイズ干渉を防ぐにはケーブルのシールドが有効です．ただし，シールドが浮いてしまっていると，せっかくシールド線を使っていても効果がありません．

● 実験でシールドの効果を確認する

実験の機器設定を図1に示します．金属板（グラウンド）の3cmほど上に，長さ30cmの線を2本用意します．一方の線に1k～1MHzの正弦波信号を入れ，もう一方の線（ノイズ受信側）を5mmくらい離した場所に置きます．そして，受信側の線を①シールドなしの単線にした場合，②シールド線を使うが浮かせた場合，③シールド線を使いGNDにも接続している場合，の3通りについて，ノイズ干渉の程度を測定します．

実験結果を図2に示します．シールド線を使っても，浮いている場合はほとんど効果が見られません．シールドをGNDに接続すると効果があることがわかります．電界結合分のノイズであれば，片側だけGND接続でも効果があります．磁界結合分のノイズについては両側GNDが基本です．

〈山田 一夫〉

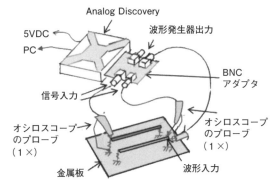

図1 実験の機器設定
一方の線に正弦波信号を入れ，もう一方の線を①シールドなし，②シールドありで浮かせる，③シールドありでGNDに接続する，の3通りで実験する

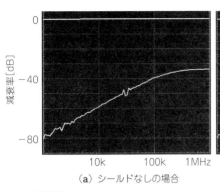
（a）シールドなしの場合

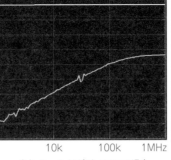
（b）シールドが浮いている場合

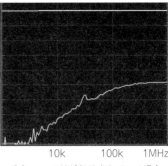
（c）シールドがGNDされている場合

図2　実験結果

電気・電子
アナログ
ディジタル
製作実習
測定
回路実習
基板・雑音
RF
電源回路
放熱
センサ
高精度A-D

直伝！匠の技 ㊻ 電流が多い場合に効果を発揮！ツイスト・ペアによるノイズ干渉対策

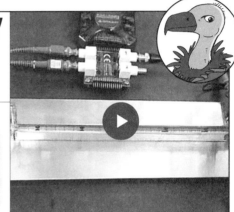

[DVDの見どころ]　DVD番号：G-11〜14

- 講義　電流が多く流れる場合のノイズ干渉対策にはツイスト・ペア線が有効
- 実験　ツイスト・ペア線の片側をGNDから浮かせた場合と両端をGNDに接続した場合の違いは？
〈編集部〉

● 磁界結合分のノイズ対策にはツイスト・ペアが有効

　2本の線をよったものがツイスト・ペア線です．ツイスト・ペア線による結合ノイズ対策は，電流が多い場合，すなわち磁気的な結合が強い場合に効果があります．ツイスト・ペアはイーサネット・ケーブルや電話線，USB信号線などに使われています．

　実験でツイスト・ペア線の効果を確認します．実験の機器設定を図1に示します．ノイズ受信側の線を①単線にした場合，②ツイスト・ペア線にして片側をGNDから浮かせた場合，③ツイスト・ペア線にして両端をGNDに接続した場合，の3通りについて，ノイズ干渉の程度を測定します．

　実験結果を図2と図3に示します．ツイスト・ペア線を使った場合は磁気結合分のノイズが抑えられ，電界結合分のノイズの影響が大きく見えます．電流が少ない場合（抵抗が大きい場合）はもともと電界結合分のノイズが支配的であるため，ツイスト・ペア線があまり効果がないように見えてしまいます．　〈山田　一夫〉

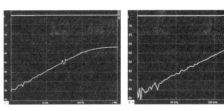
（a）抵抗が5Ωの場合　　（b）抵抗が10kΩの場合

図2　ノイズ受信側の線を単線にした場合のクロストーク測定

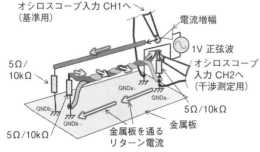

図1　実験の機器設定
線間結合（クロストーク）を測定するための機器設定．
1Vの正弦波信号を入力する．電流が多い場合と少ない場合を比較するために，抵抗を5Ωにした場合と10kΩにした場合の両方を実験する

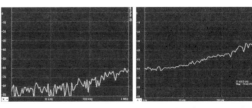
（a）抵抗が5Ωの場合　　（b）抵抗が10kΩの場合

図3　ノイズ受信側の線をツイスト・ペア線（片側をGNDから浮かせている）にした場合のクロストーク測定

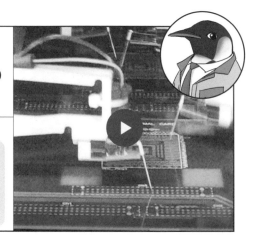

直伝！匠の技 ㊼ 工場拝見！プリント基板ができるまで

[DVDの見どころ] DVD番号：G-15〜16

- 講義 製造データ作成やプリント・パターンのエッチングから電気検査／表面処理／出荷まで
- 実演 基板を指定の寸法サイズに切り出すルータ加工
- 実演 フライング・プローブを利用した超高速電気チェック 〈編集部〉

■ 代表的な3つのプリント基板

① 一番よく使われているリジッド基板

プリント基板と言えば，**写真1**に示す「リジッド（硬質）基板」が一般的です．材料はガラス・クロスで補強したエポキシ樹脂です．

銅はくの厚さは，35 μm，18 μmが主に使われます．プリント・パターンの細線化（100 μm以下）に伴い，さらに薄い12 μmや9 μmの極薄の銅はくも利用されています．プリント・パターン部の厚みは，この銅はくの厚みに，めっきの厚み（15 μ〜25 μm）を足したものになります．FR-4とは，ガラス・エポキシ材料の等級で，耐燃性を持った材料です．特別に指定しない限り，基板メーカはFR-4を選びます．

② 折り曲げたり巻き付けたりできるフレキシブル基板

ケーブルの代わりに使われる軟質の基板です．フレキとも呼ばれます．材料は，補強材のガラス・クロスを使わないポリエステル樹脂フィルムや，はんだ付けが必要な耐熱用途ではポリイミド樹脂フィルムが使われます．

エポキシ樹脂は，接着材でおなじみだと思いますが，ポリイミド樹脂は聞き慣れないかもしれません．この樹脂は米国アポロ計画で，宇宙服用に開発された耐熱樹脂で高耐熱リジッド基板にも使われています．ポリエステル樹脂は衣類でおなじみテトロンと呼ばれることもあります．

③ モバイル機器に多用されているリジッド・フレキシブル基板

リジッド基板とフレキ基板を一体化した「リジッド・フレキシブル基板（リジッド・フレックスとも呼ぶ）」もあります（**写真2**）．基板同士を接続するには通常コネクタが使われますが，携帯やスマートフォンなどのいわゆるモバイル機器には，主にスペースと実装コストの理由でリジッドとフレキを一体化したリジッド・フレキシブル基板が多用されています．

■ 基板が作られるまでのフロー

多層基板を発注後，手元に届くまでに基板製造工場で実施される一般的な工程を**図1**に示します．動画（DVD番号：G-15〜16）ではその一部始終を見ることができます．片面基板の場合は工程③と工程④，工程⑤の④と⑤がありません．両面基板の場合は工程③と工程④がありません．

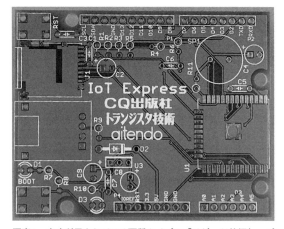

写真1 広く利用されている硬質タイプの「リジッド基板」…プリント基板といえばこれ

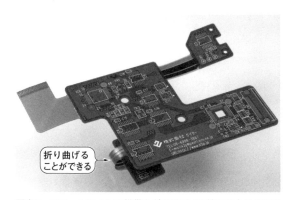

折り曲げることができる

写真2 スマートフォンや携帯などのモバイル機器に多用されているリジッド・フレキシブル基板

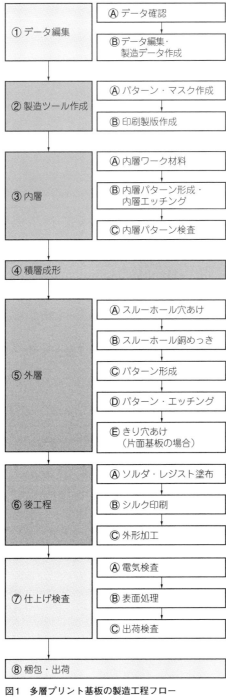

図1　多層プリント基板の製造工程フロー
動画（DVD番号：G-15〜16）では基板が製造されるまでの工程を，アニメーションや実際の検査装置などを交えながら見ることができる

基板製造工場では必要な加工データの準備から始まります．この段取りが基板の仕上がりや品質を決める重要な作業です．「データ確認・製造データ作成」を最初の工程として図示しました．

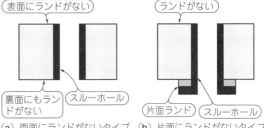

（a）両面にランドがないタイプ　（b）片面にランドがないタイプ

図2　ランドレス・スルーホールを製造できない基板メーカは多い
基板の断面図を示す．このようなスルーホールを基板メーカに依頼することは，できるだけ避ける

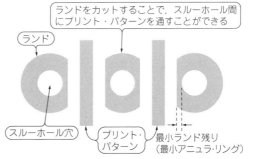

図3　ランドに隣接するプリント・パターンがあるときはランド・カット後の幅（アニュラ・リング）を確保する

■ 3つの検査項目

　基板の検査で特に重要な項目が「導通（断線）チェック」と「絶縁（ショート）チェック」の2つです．**図1**に示した製造工程フローには書かれていませんが，工程の一部として仕上がりや寸法の検査が行われます．基板製造時に行われる一般的な検査には，主に次の3つがあります．

① 支給データ（ガーバ）

　支給されたデータに問題があると，不具合をもつ基板が製造されます．基本的に基板製造メーカでは，何が正しいかはわからないので，自ずと検査できることが限られます．比較的多い不具合内容は次のとおりです．
▶製造できない仕様で設計されている

　図2に示すようにスルーホールにランドがない（ランドレス），または片面にランドがない（片面ランドレス）ときは，ほとんどの基板メーカで製造できないので，できるだけ避けます．

　ランドレスでないときも，ランドに隣接するプリント・パターンがあるときには，ランド・カットを行うことがあります．ランド・カットを行うときは，最低限のランド残り（アニュラ・リングとも呼ばれる）寸法が必要です（**図3**）．一般には，穴縁から片側 0.15 mm以上あれば問題ありません．ただし，海外へ出すときは**図4**に示すように片側 0.3 mm以上確保したほうがよいです．

図4　海外へ出すときはアニュラ・リングを0.3mm以上確保する

▶最小プリント・パターン幅，最小ギャップ違反がある

　プリント基板CADでは，細い配線幅でもデータ作成できますが，製造工場では，ごく一部でも違反があったら基板を製造できません．

② 光学式画像検査

　基板の表面をカメラで連続的にスキャンして得られた画像を基に，デザインの特徴やガーバ・データと比較して，断線／ショート，プリント・パターンの細り（欠け）や太り（突起）の検査を行います．画像検査装置は，

不具合候補の検出しか実施しないので合否判断は検査員が目視で行います．

③ 電気検査

　量産品では検査時間が短い，専用の検査治具を使って基板の検査を行います．しかし，治具コストが数十万円と非常に高額であるので，試作や少量のときは，フライング・プローブまたはムービング・プローブと呼ぶ検査が行われます．

　本検査は，テスタで基板のランドにリード棒（測定針：プローブ）を順番に当てて断線・ショートを検査する方法と同じですが，自動検査が高速に実行されます．規模の大きな基板の検査ではかなりの時間がかかりますが，試作であっても全数検査を行います．実際の検査の動きとスピードは動画（DVD番号：G-16）で確認できます．　　　　　　　　　　〈寺田　正一〉

（初出：「トランジスタ技術」2018年4月号）

Appendix

電流が快適に流れるプリント・パターン幅の決め方

　プリント基板データを作成するとき，どれだけのプリント・パターン幅でどの程度電流を流してもよいかの目安を把握しておくことが大切です．プリント・パターンが過熱する条件で何年か動作させていると基板が劣化します．場合によっては，火災事故にもつながりかねません．適切なプリント・パターン幅を決めることは，安全で品質の良い基板作りの第一歩になります．

● プリント・パターンの発熱を考慮するときは，周囲温度＋10℃以下になるよう設計する

　図1に示すようにプリント・パターンが細いと，配線の抵抗Rが大きくなり，電流Iによる発熱（$W = I^2R$）が無視できなくなります．

　プリント・パターンが発熱して60℃の温度が長い時間，基板の絶縁材（通常ガラス・エポキシ）に加わっていると，絶縁材が変質し，絶縁性能が劣化します．80℃を超える温度が続くと，炭化が起こり絶縁度が悪化して過大電流が流れます．

　ユニットの内部が40℃になることは一般的ですが，50℃くらいまでに上昇することを想定して設計します．

● プリント・パターン幅と許容電流の目安

　プリント基板CADでは配線を引き始める前にプリント・パターンの太さを設定できます．

　表1に示すデザイン・ルールという画面で線路の種類ごとに設定します．表1に示すディジタル信号線の

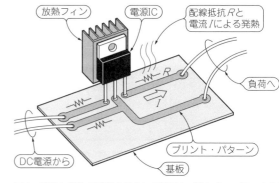

図1　電流と発熱の関係を考慮して適切なプリント・パターン幅にする
プリント・パターンの温度上昇は10℃内に抑える．スイッチング電源側のプリント・パターンはエポキシ材の炭化などでショートが起きると電源の最大電流まで流れるので劣化したり，火災事故が起きたりする可能性がある

配線幅は0.25 mm幅です．これで2.54 mmピッチのICピン間1本です．

　ピン間2本に設定するときは，ICピンのフットプリントが細いものを選択した上で，配線幅を0.2 mm幅にします．［インチ］設定か［mm］設定かによって細かな値は異なってきます．特にインチ系の指定がないときはプリント・パターン設計は［mm］設定のほうがわかりやすいでしょう．

　プリント・パターン幅を0.2 mm以下にするときは，

表1 プリント基板CAD上のデザイン・ルール設定の例
配線幅はプリント・パターン幅，ビア・ドリルはビア円柱部の外径，ビア径はビア・パッドの外径

項 目	クリアランス	配線幅	ビア径	ビア・ドリル	マイクロ・ビア径	マイクロ・ビア・ドリル
初期値	0.2	0.25	0.6	0.4	0.3	0.1
0.5 mm幅の電源配線	0.2	0.5	0.8	0.6	0.3	0.1
1 mm幅の電源配線	0.2	1	1.2	0.8	0.3	0.1

基板メーカに仕様を確認したほうがよいでしょう．0.2 mmより狭い線幅ではパターン・エッチング条件をコントロールする必要があり，1枚100円程度の低価格な基板ではプリント・パターン幅が保証されない（配線が切れてしまう）ことがあります．電源線，グラウンド線は約1Aまでであれば，基本は1 mm幅とします．

● **基板メーカの製造ルールを確認する**

基板メーカによっては最小のプリント・パターン幅や最小のプリント・パターン間隔，最小ビア径などが制限されています．その制限以下のプリント・パターン・データを作成しても，基板を製造してもらえません．基板の製造を依頼する基板メーカの条件を最初に確認します．

● **ディジタル信号の配線幅はプリント・パターンによる発熱を無視できる**

高速CMOS（HCシリーズ）やLVCMOSなど通常のロジック回路では，負荷側はMΩとハイ・インピーダンスなので，信号線路にはスイッチング切り替え時以外ほとんど電流が流れません．このためプリント・パターンによる発熱を考えなくてよいです．

LVDSなどの電流ロジックでは，信号線路に電流を流しますが，約4 mAと少ないです．線路抵抗が0.1Ωあっても発熱電力は1.6 mW（= 0.1 × 4²）と非常に少なく線路による発熱は無視できます．

エッチング条件を0.1 mmのプリント・パターンに合わせてコントロールしてくれるような基板メーカに頼まないのであれば，0.25〜0.3 mmにしておくと問題が少ないです．

● **電源，グラウンド配線幅の決め方**

電源とグラウンドの配線は電源チップ周りの配線などです．DC-DCコンバータの出力などでは電流が多いため，プリント・パターンによる発熱に留意し配線幅を決めます．

グラウンド配線に流れる電流が約1Aまでは，1.0 mmが推奨されます．プリント・パターンを通る電流が1Aより多くなるときは，温度上昇を計算して，配線幅を設定します．

基板サイズに余裕があるときは，電源近くは3 mm幅をめどに太くし，末端部で1 mm幅にするとよいでしょう．

● **プリント・パターンに流せる電流の求め方**

許容電流を求める計算式としてよく知られているのが，IPC-2221Aという規格に示されているノモグラフです（図2）．

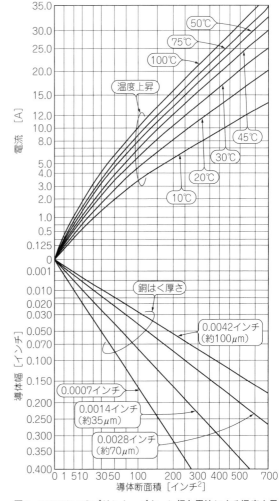

図2 IPC2221Aのプリント・パターン幅と電流による温度上昇算出用ノモグラフ

図2をもとに式(1)を求めると次のとおりです．

$$I = k\Delta T^{0.44}(HW)^{0.725} \quad\cdots\cdots(1)$$

ここでI：許容電流 [A]，k：内層と外層のパラメータ（内層：0.024，外層：0.048），ΔT：温度上昇 [℃]，H：基板厚 [mil]，W：プリント・パターン幅 [mil]

オープンソースの基板CAD KiCadは，前述したパラメータを入力すると電流値などを計算してくれます．プリント基板CADなどのツールも有効活用すると便利です． 〈山田 一夫〉

（初出：「トランジスタ技術」2018年4月号）

安く手軽に作りたいなら片面／両面，RF／高速回路を作りたいなら多層　Column 1

基板を設計するときに，安価な片面基板や両面基板を使えばよいのか，価格が少し高い4層基板を使うほうがよいのか，判断に困るときがあります．目的や層構成を理解した上で使い分けましょう．

● 基板の層構成

▶片面基板

図Aに片面基板の断面を示します．絶縁体の板の片側だけに銅はくをつけた回路配線用基板です．スルーホール加工などもなく価格が安いです．中国の基板のネット通販サイトだと10×10 cmであれば，1枚100円で作れます．片面だけに部品を実装するので，プリント・パターン設計に工夫が必要です．

低周波アナログ回路で部品の実装密度が高くないときは価格が安いので片面基板を利用するとよいでしょう．

▶両面基板

図Bに両面基板の断面を示します．絶縁体の板の両面に銅はくをつけた基板です．片面基板に比べ，実装密度が上げられます．スルーホール・ビアによる部品のはんだ付けで部品がしっかり固定されます．

低周波アナログ回路では主に両面基板を利用します．ディジタル回路で使用速度が遅く，部品実装密度が低いときも両面基板を使います，

RF回路でも部品実装密度が高くないときは，はんだ面をベタ層にすると回路が安定に動作し価格も安くなるので両面基板を利用します．

▶4層基板

図Cに4層基板の断面を示します．両面基板の内層にさらに銅はくの層が入った基板です．4層使えるため実装密度が上がります．内層をグラウンド層にすることで高速信号が安定します．両面基板に比べるとコストや納期がかかります．

高密度にアナログ回路やディジタル回路を実装し，回路動作を安定させたいときは，信号パターンの直下にベタ層を置ける多層基板を利用します．

● 事例

図Dはシンプルなディジタル回路をプリント・パターンで実現した例です．図D(a)は片面基板，両面基板，図D(b)は4層基板で作成したプリント・パターン例です．片面や両面基板では信号線とグラウンド線は，ループ状の配線になるのが一般的です．

図D(b)の多層基板で，内層をグラウンド・ベタ層にすると，信号の行きと帰りのループ面積は非常に小さくなるので，ノイズを低減できます．

〈山田 一夫〉

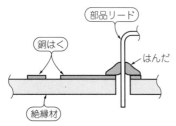

図A　片面基板の断面
低周波のアナログ回路や低速のディジタル回路で実装密度が低いときは，価格が安い片面基板の利用がおすすめ

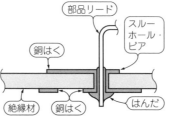

図B　両面基板の断面

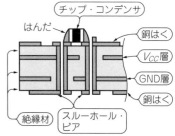

図C　4層基板の断面

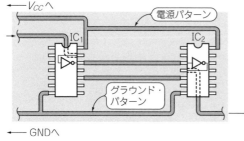

（a）片面や両面基板の配線例

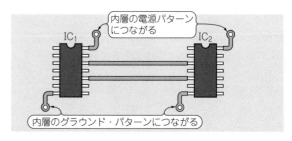

（b）4層基板の配線例

図D　4層基板にすると信号パターンの直下にベタのグラウンド層を置けるのでRFや高速ディジタル基板の動作が安定する
（b）はデバイスの電源ピンとグラウンド・ピンの直近で内層ベタ層に接続している

直伝！匠の技 ㊽ 帯域400MHz超！高速アンプ 私の試作評価術

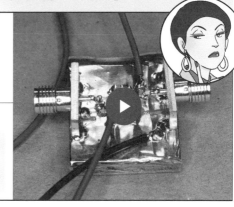

[DVDの見どころ] DVD番号：H-01〜05

- 講義 超高速アンプの配線テクニック
- 実演 超高速アンプの試作テクニック
- 実験 高速アンプのゲイン周波数特性

〈編集部〉

● 高速回路を作るときの心得

本稿では，100 kHzくらいまでの周波数を扱う低周波回路と，50 MHz以上の周波数を扱う高速/RF回路との違いを述べます．

低周波回路では，ほぼ理想的な導体・絶縁物と考えてよかった電線や基板などが，RFでは，すべてインダクタンスや静電容量を持っていることを意識して回路を設計し実装します．

図1に示すように，シンプルな非反転アンプでも寄生素子を考えると，高周波域では複雑な回路になります．

● すべての導体はインダクタンスである

例えば，5 mm程度の部品のリード線は，低周波では無視できる程度の抵抗と考えてよい場合がほとんどです．高周波では，太さにもよりますが5 nH程度のインダクタンスを持ちます．1 GHzでは31 Ωのリアクタンスです．

高速/RF回路では，回路の抵抗はおもに1 kΩ以下が使われます．例えば，50 Ωの抵抗に対して31 Ωの

リアクタンスは無視できない値です．

電源のパスコンなら，数mmの長さのリード線でもICの電源端子に電圧変化を与えることになって，発振や周波数特性の暴れ，信号の混入といった不具合が生じます．

● 形あるものはすべて静電容量をもつ

配線材料も部品も，すべて静電容量をもっています．例えば，1608サイズのチップ抵抗は，端子間に0.5 p〜0.7 pFの静電容量をもっています．さらにプリント基板の部品パッドの静電容量も影響してきます．特に多層プリント基板は絶縁層が薄いので静電容量が大きくなりがちです．

静電容量は電極面積に比例して，電極間距離に反比例することを思い出しましょう．板厚が半分なら静電容量は2倍です．よく使われるガラス・エポキシ積層板の比誘電率は比較的大きく4.5程度です．

パッドの面積や基板の層構成にもよりますが，1608サイズのパッドで0.3 pF〜1 pFくらいはあると考えてよいでしょう．

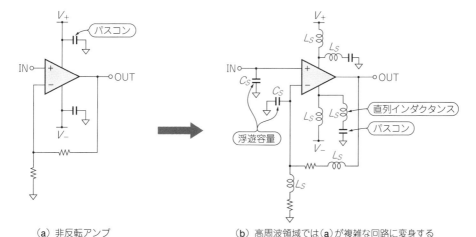

（a）非反転アンプ　　　　　（b）高周波領域では（a）が複雑な回路に変身する

図1　シンプルな非反転アンプであっても数十MHz以上の高周波では配線材料や電子部品の寄生成分を考えて設計する必要がある
低周波では純粋なCR回路に見えても，RFではそこら中に直列インダクタンスL_Sや浮遊容量C_Sがある

電気・電子／アナログ／ディジタル／製作実習／測定／回路実験／基板・雑音／**RF**／電源回路／放熱／センサ／高精度A-D

● 低インピーダンス回路ではインダクタンスに，高インピーダンス回路ではキャパシタンスに留意する

　約10Ωの低抵抗では，直列インダクタンスの影響が大きく，高周波ではインピーダンスが上昇します．

　一方，10kΩといった比較的高い抵抗では電極間静電容量が効いてきて，高周波でインピーダンスが低下します．実際，インピーダンス・アナライザで抵抗器単体のインピーダンスを測定すると，前述したような傾向が見られます．100〜200Ωの抵抗がもっとも周波数特性が良好です．

　実際の回路では，さらに配線のインダクタンスや静電容量が加わるので，事態は複雑化します（**図2**）．

　オシロスコープの入力回路のように1MΩのインピーダンスを確保しながら，数百MHzにおよぶ周波数帯域を実現するのは高度なノウハウが要求されます．

● 周波数帯域400MHz以上の超高速アンプを作れるOPアンプ

　図3に試作したアンプの回路を示します．非反転アンプで，電圧ゲインは高速アンプとしてはやや大きめの10倍としました．

　入出力インピーダンスは50Ω系の測定器と接続する都合上，50Ωとします．

　今回は，手持ちの部品からTHS3201D（テキサス・インスツルメンツ）を使ってみました．本OPアンプはユニティ・ゲイン帯域1.8GHzの電流帰還（CFB：Current Feedback）型のOPアンプです．古い製品なので，新規設計にはOPA695などが良いでしょう．

　電源電圧は±5Vとします．

　データシートの特性例では−3dB帯域が400MHz以上あるので，このあたりを目標にします．

　電圧帰還アンプでは，帰還をかけたときの電圧ゲインと周波数帯域の積はほぼ一定で，電圧ゲインと周波数帯域は相反する関係にあります．

　電流帰還アンプは電圧ゲインを変えても，周波数帯域はあまり変わりません．電圧ゲインを大きくとったり，変えたいときには有利な特性です．

● 負帰還抵抗の最適値

　一般の電圧帰還OPアンプは，浮遊静電容量などを含めて帰還回路の分圧比さえ一定であれば周波数特性

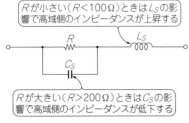

図2 通常の抵抗でも配線インダクタンスや浮遊容量が加わるので，回路が複雑化する

に影響はありません（ノイズやオフセット電圧には影響する）．

　電流帰還アンプは，帰還回路の抵抗値に最適値があります．一般的に抵抗値が小さいと周波数特性にピークが現れ，抵抗値が大きいと周波数帯域が狭くなります．

　周波数特性をフラットにするには，データシートの推奨抵抗値をもとに，回路の浮遊容量などを含めて調整します．

　THS3201のデータシートでは，電圧ゲイン10倍の非反転アンプのとき，R_{fb} = 487Ωになっているので，分圧抵抗のもう片側は53Ωになります．

　今回は460Ω（= 220Ω + 240Ω）と51Ωにしました．R_{fb}が2個直列になっているのは，電極間静電容量を小さくするためです．

　50Ω系の測定器に接続するため，入力は51Ωで終端，出力は直列に51Ωを入れました．

　出力側の51Ωはバック・ターミネーションなどと呼ばれます．負荷が整合していないとき，ケーブル端から見込んだ負荷インピーダンスがリアクタンス分を持つため，発振することがあります．これを防いで回路動作を安定化しますが，電圧ゲインと負荷に供給できる電圧は半分になります．ケーブルと負荷が完全に整合していれば，なくても大丈夫です．

■ 部品の実装テクニック

　今回はバラックで実験回路を組み立てる，ということを想定してみました．

● 基板のグラウンドはベタにして基準電位を安定させる

　高速/RF回路をバラック組みするときの常とう手段は，全面銅はくのべたアースです．とにかく基準になるグラウンドが安定していなければ，安定した動作は望めないので，低インピーダンスのグラウンドが必要です．

　このときの低インピーダンスというのは，低周波回

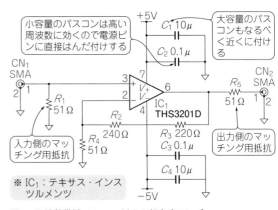

図3 周波数帯域400MHz以上の超高速アンプ

路と違って，低抵抗より低インダクタンスが重要です．低インダクタンスを実現するためには，銅はくなどのベタのグラウンドにするのが一番効果があります．

表皮効果の影響で，RF信号は導体表面しか流れないので，熱的な問題がある大電流回路を除けば，GND銅はくの厚みはそれほど重要ではありません．標準基板の18 μmで十分でしょう．

● 基材は段ボールでもベニヤ板でもOKである

RF信号は銅はく表面しか流れないので，銅はくを支えている基材は，機械的強度さえあればなんでもよいです．

よく使われるのはガラス・エポキシやベークライトのプリント基板の，エッチングしていない生材です．バラックで実験回路を組む程度なら，段ボールに銅はくテープを貼り付けたものでも十分です．もう少し機械的強度が欲しければベニヤ板でもいいでしょう．

どちらもカッター・ナイフなどで簡単に加工でき，ガラスエポキシ基板などに比べて熱抵抗が大きいので，熱容量が小さくても，はんだ付けがしやすいという利点もあります．

今回は写真1のように，段ボールに銅はくテープを貼り付けたものを使ってみました．

● パスコンは電源ピンに直付けしチップ部品でICを支える

まず，電源のパスコンから取り付けましょう．

パスコンは，とにかくICの電源ピンとGNDプレーンの間に最短距離で入れます．

電源ピンとGNDプレーンにパスコンを直接付けてしまえば確実に最短です．さらにパスコンを柱にしてICを支えてしまいます（写真2）．

高速OPアンプでは，広い周波数範囲で電源インピーダンスを低く保つために，電源ピンに容量が異なる複数のパスコンを入れるのが一般的です．

小容量のパスコンのほうが高い周波数で効くので，電源ピンに近いところに取り付けます．

今回の例では，0.1 μFと10 μFのチップ・セラミック・コンデンサを入れているので，0.1 μFのほうを電源ピンに直接はんだ付けします．10 μFのほうも，なるべく近くに取り付けます．

大容量のコンデンサを遠くに付けると，接続線のインダクタンスと小容量のパスコンが共振して，特定の周波数で電源インピーダンスが上昇することがあります．

電源の配線が長くなるときは，直列抵抗（ESR：Equivalent Series Resistance）が大きいアルミ電解コンデンサや有機アルミ系のコンデンサを入れると，適当に共振がダンプされて良い結果が得られるときがあります．

● 低抵抗は配線長，高抵抗は浮遊容量を考慮する

前述したとおり，100 Ω以下の抵抗は直列インダクタンス，200 Ω以上では浮遊容量が小さくなるように配線します．

回路として組むときは，ICなどの入力静電容量も考慮します．

写真1 段ボールに銅はくテープを貼り付けて回路基板を組み上げた
バラックで実験回路を組む程度なら，段ボールに銅はくテープを貼り付けたものでも十分に使える

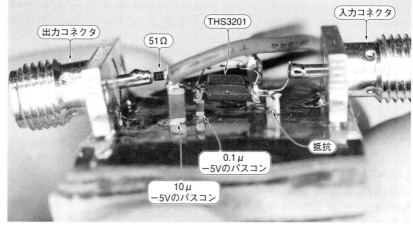

写真2 パスコンは，発振や周波数特性の暴れなどを防止するためICの電源ピンとGNDプレーンとの間に最短距離で入れる
パスコンを柱にしてICを支える．他の部品もできるだけ最短配線にする

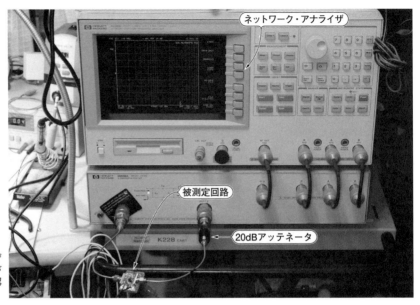

ネットワーク・アナライザ

被測定回路

20dBアッテネータ

写真3 ネットワーク・アナライザを使ってアンプの周波数帯域が400 MHz以上になっているか確認する

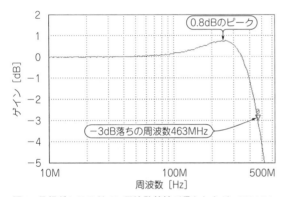

0.8dBのピーク

−3dB落ちの周波数463MHz

図4 予想どおりのゲイン周波数特性が得られたが，250 MHz あたりに0.8 dBのピークがある
回路を基板に組んだ後，測定したゲイン周波数特性．−3dB帯域は463MHzである

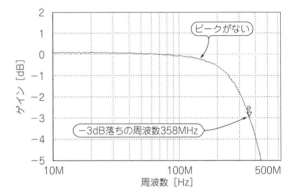

ピークがない

−3dB落ちの周波数358MHz

図5 帰還抵抗を68 Ωと620 Ωにするとゲイン周波数特性のピークがなくなる
−3 dB帯域は358 MHzとかなり低くなる

■ 実験

　組み立てた段ボール・バラック基板の特性をネットワーク・アナライザで測定してみました（**写真3**）．

　アンプの電圧ゲインは10倍（20 dB）ですが，出力に入っているバック・ターミネーション抵抗の影響で実際の入出力間の電圧ゲインは5倍（14 dB）になります．

　図4に測定したゲイン周波数特性を示します．周波数軸は10 M～1 GHzの対数目盛りになっています．

　低域での電圧ゲインは計算どおり＋14 dB，−3 dB 帯域は463 MHzでした．

　データシートどおりの周波数特性が得られましたが，250 MHzあたりに0.8 dBのピークがあります．

　帯域内の特性をフラットにするのであれば，帰還抵抗の値を調整します．帰還抵抗を68 Ωと620 Ωにしたときの周波数特性を**図5**に示します．

　分圧比を変えずに，抵抗値を約1.33倍にしただけですが，−3 dB帯域は358 MHzとかなり低くなり，帯域内のピークがなくなっています．

＊　＊

　バラックで実験した回路から，プリント基板にするときには，配線パターンによる静電容量やインダクタンスの影響もあります．高い精度が要求されるときは微調整が必要になるでしょう．

〈登地 功〉

（初出：「トランジスタ技術」2018年4月号）

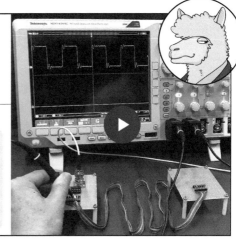

直伝！匠の技 ㊾ RF信号に片道切符！インピーダンス・マッチング

[DVDの見どころ] DVD番号：H-06
- **実験** 送信端，負荷端の電圧波形を観測しインピーダンス整合がとれていることを確認
- **講義** 反射係数の求め方
- **講義** 伝送線路をした利用したインピーダンス整合をSPICEシミュレータで解析

〈編集部〉

● インピーダンス・マッチングの目的

▶①エネルギを最大限，負荷に伝える

図1に，直流電源に負荷を接続したときの負荷抵抗と消費電力の関係を示します．電源の出力抵抗と負荷抵抗の値が同じとき，最大電力が負荷抵抗に伝送されます．

オーディオ用真空管アンプでは，出力インピーダンス数kΩの真空管から入力インピーダンス数Ωのスピーカに効率良く電力を伝送するために，トランスを使ってインピーダンス・マッチングを行っていました．

▶②信号波形をひずませずに負荷に伝える

図2に，ドライバ，伝送路，負荷から構成される一般的な信号伝送回路を示します．

伝送線路には，その物理的な形状と構成する材料の物性値で決まる特性インピーダンスがあります．

伝送線路は，負荷端に伝送線路の特性インピーダンスに等しい抵抗を接続することで完成します（信号の反射がなくなる）．伝送線路は，送信端から見たインピーダンスを伝送線路の特性インピーダンスと同じ値の負荷抵抗とみなせる性質を持ちます．

駆動インピーダンス，負荷インピーダンスを伝送線路インピーダンスと一致させることを伝送線路のマッチングと呼びます．伝送線路のマッチングをとることによって，最大電力を負荷に伝送できるだけでなく，信号波形をひずませることなく伝送できます．

実際の応用回路としては，信号源をRFパワー・アンプ，伝送線路を同軸ケーブル，負荷抵抗をアンテナとすると無線送信系になります．無線送信系のときは，電力の効率的な伝送が目的です．

図3に示すように，信号源をロジックIC，伝送路を

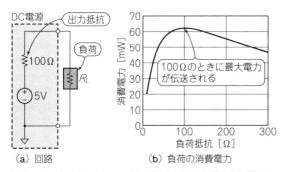

(a) 回路 (b) 負荷の消費電力

図1 インピーダンス・マッチングによって最大電力を伝送する

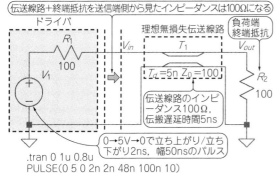

.tran 0 1u 0.8u
PULSE(0 5 0 2n 2n 48n 100n 10)

図2 RF信号はインピーダンス・マッチングをしながら伝えていく

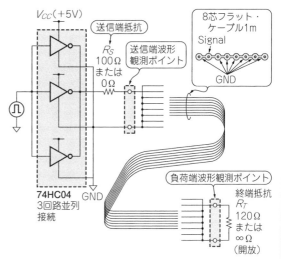

図3 インピーダンス・マッチングの効果を見るために用意した実験回路（ロジック信号伝送の実験回路）

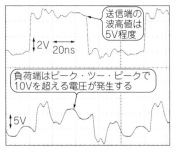

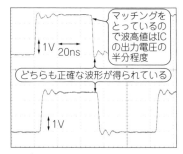

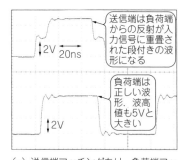

（a）送信端・負荷端ともマッチングなし
$R_S = 0\,\Omega$，$R_T = \infty\,\Omega$（開放）

（b）送信端・負荷端ともマッチングあり
$R_S = 100\,\Omega$（駆動抵抗115Ω），$R_T = 120\,\Omega$

（c）送信端マッチングあり，負荷端マッチングなし
$R_S = 100\,\Omega$（駆動抵抗115Ω），$R_T = \infty$

図4　送信端と負荷端の両方をインピーダンス・マッチングした(b)が一番波形がきれいである

ケーブルやプリント基板，負荷抵抗をIC入力部とすると，ディジタル回路の信号伝送系になります．ディジタル回路においては，波形をひずませることなく正確に信号を伝送します．

● 抵抗を使ったインピーダンス・マッチング

図3に示すような実験系をロジックICで組み立てて実測してみます．

▶①フラット・ケーブルの特性インピーダンスを求める

仕様が公開されているMAST-SFKK-SCL30（ミスミ，フラット・ケーブル，300 V UL規格カラースダレタイプ，30芯）を割いて8芯にして使用しました．

ケーブルの仕様から，インピーダンス整合設計に必要な次のデータがわかります．

- 特性インピーダンス：108Ω
- 静電容量：51 pF/m，伝搬遅延時間：5 ns/m

前述した値は，すべてGSGモード（信号線の両隣のラインをグラウンドに接続した状態）での特性です．

▶②ドライバICの出力抵抗を求める

手持ちの部品から，インバータICのSN74HC04（テキサス・インスツルメンツ）を使用します．仕様書から出力抵抗を算出します．

$V_{CC} = 4.5$ V，$I_{OH} = -4$ mAの条件で$V_{OH} = 4.31$ Vから"H"出力時の出力抵抗R_{OH}は次の計算で求まります．

$$R_{OH} = (4.5\ \text{V} - 4.31\ \text{V}) \div 4\ \text{mA} = 47.5\ \Omega$$

同じように"L"出力時の出力抵抗R_{OL}も求めます．

$$R_{OL} = 0.17\ \text{V} \div 4\ \text{mA} = 42.5\ \Omega$$

"H"側，"L"側とも，45Ω前後の出力抵抗であることがわかります．外付け抵抗を加えて出力インピーダンスを調整したいので，調整可能な下限値を小さく取るために3回路を並列に接続すると，出力抵抗$R_O = 15\,\Omega$（= 45/3）です．

▶③送信端抵抗，負荷端抵抗の決定

駆動抵抗は，ドライバICの出力抵抗R_Oと送信端抵抗R_Sを合わせた値になります．インピーダンス・マッチングには，駆動抵抗（= $R_O + R_S$），負荷端抵抗R_Tの両方を伝送線路の特性インピーダンスZ_0に合わせます．抵抗器はE12系列を使用します．

伝送線路の特性インピーダンスは，ケーブルの特性から$Z_0 = 108\,\Omega$です．

R_Oは15Ωなので，$R_S = 100\,\Omega$（≒ $Z_0 - R_O$），$R_T = R_S = 108\,\Omega ≒ 120\,\Omega$です．

送信端抵抗R_Sは100Ω，負荷端抵抗R_Tは120Ωとしました．

● 実験

図4にインピーダンス・マッチングの効果を示します．

▶マッチングなしの波形

送信端／負荷端ともに整合を行わない図4(a)のときには，駆動端の波形振幅約5Vに対して負荷端には10Vを超える信号波形が発生しています．正確な信号伝送ができないだけでなく，負荷端に接続されたICを破壊する恐れもあります．

▶マッチングありの波形

送信端・負荷端ともにマッチングを行った図4(b)では，波高値はドライバIC出力電圧の約1/2ですが，信号が正確に伝送されているようすがわかります．

▶送信端マッチングあり，負荷端マッチングなしの波形

送信端のマッチングを行い，負荷端のマッチングは行わない場合が図4(c)です．送信端では，負荷端からの反射の影響で段付きの波形となっています．しかし負荷端では信号が正確に伝送されていて，振幅5V程度あることがわかります．

＊　＊

負荷端にマッチング抵抗を入れると電流が大きくなるので電力消費が大きくなること，振幅が半分程度になることから，低消費電流化とS/N向上の目的で，負荷端のマッチングをあえて行わないときもあります．

〈青木 正〉

（初出：「トランジスタ技術」2018年4月号）

直伝！匠の技 ㊿ 飛び出る電磁界！RFフィルタの3次元電流アニメーション

[DVDの見どころ] DVD番号：H-07～08

- シミュレーション 周波数を変更して通過周波数における電流分布をビジュアル化
- シミュレーション カットオフ周波数における基板上方の磁界分布をビジュアル化

〈編集部〉

RFフィルタは，無線機器において最も重要な部品の1つです．「無線機はフィルタの塊」とも言われるほどです．

フィルタは，必要な信号だけを通過させ不要な信号を阻止する機能があります．その機能から，低域通過フィルタ（LPF：Low Pass Filter），帯域通過フィルタ（BPF：Band-Pass Filter），高域通過フィルタ（HPF：High Pass Filter），帯域阻止フィルタ（BSF：Band-Stop Filter，BEF：Band-Elimination Filter）の4種類に分類されます．

図1に一般的な無線機の送信部のブロック・ダイアグラムを示します．送信部においては，高次高調波を除去するために出力アンプとアンテナの間にLPFが挿入されています．このフィルタにより高調波成分が外部に放出されることを抑制しています．

● フィルタの設計法

RFフィルタは，動作関数フィルタが基本です．これは，伝達特性に対して厳密に計算されたラダー回路を合成できます．最初にプロトタイプのLPF設計を行い，それを周波数変換（マッピング）することで，BPFやHPFを設計できます．

フィルタの特性には，通過域と減衰域の特性としてチェビシェフ，バターワース，減衰域連立チェビシェフ（楕円関数型），ベッセルなどがあります．今回は代表的な伝達特性の1つであるチェビシェフ特性のフィルタの設計法について解説します．

チェビシェフ・フィルタは，チェビシェフ多項式 $T_n(x) = \cos(n\cos-1x)$ をラダー回路で表現したものです．

▶ 基本エレメント値の計算

基本エレメント値は，g パラメータとも呼ばれ，動作関数をラダー回路で置き換えたときの値です．この値を 2π で割った値で回路を作り，ポート・インピーダンスを $1\,\Omega$ とすると，$1\,\mathrm{Hz}$ のカットオフを持つLPFができます．

次のような仕様のフィルタを設計します．

- 終端抵抗値 Z_0：$50\,\Omega$
- カットオフ周波数 f_1：$50\,\mathrm{MHz}$
- 通過領域のリプル L_r：$0.2\,\mathrm{dB}$
- 減衰域参照周波数 f_a：$75\,\mathrm{MHz}\,(f_a > f_1)$
- f_a における減衰量 L_a：$20\,\mathrm{dB}$

減衰域参照周波数（f_a）において，減衰量（L_a）を満足する奇数次数 n を次式より計算します．

$$n \geq \frac{\cosh^{-1}\sqrt{(L_a'-1)(L_r'-1)}}{\cosh^{-1}(f_a/f_1)} \quad\cdots\cdots\cdots\cdots (1)$$

ここで，$L_a' = 10^{(L_a/10)}$，$L_r' = 10^{(L_r/10)}$

式(1)に，$L_a = 20$，$L_r = 0.2$，$f_1 = 50 \times 10^6$，$f_a = 75 \times 10^6$ を代入すると $N = 4$ となるので，それを超える奇数を採用すると $n = 5$ を得ます．

$L_r = 0.2$，$n = 5$ のときのチェビシェフの基本エレメント値を計算または設計表より得ます．

● LC構成のLPFへのマッピング

動作関数フィルタは，伝達特性に対して厳密に計算

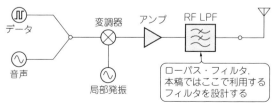

図1　本稿では無線機の送信部などで利用されるフィルタをRF電磁界シミュレータで設計する

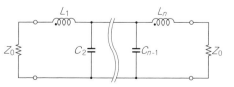

図2　LC LPFの基本回路
ラダー回路に当てはめて動作周波数を回路化する

表1 $n=5$のときのチェビシェフ基本エレメント値

g[0]	1
g[1]	1.33948
g[2]	1.33701
g[3]	2.16609
g[4]	1.33701
g[5]	1.33948
g[6]	1

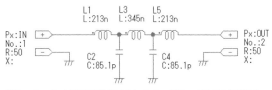

図3 カットオフ周波数50 MHzのチェビシェフLPF（配線インダクタンスは含まれていない）
式(2)に表1の値を代入することで回路定数が決まる

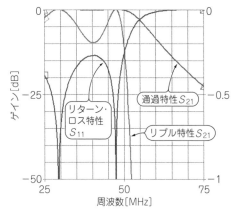

図4 図3の回路シミュレーション…カットオフ周波数50 MHzのLPFができている

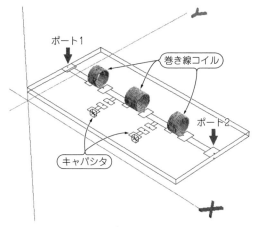

図5 プリント基板にコイルのモデルを実装した状態で3次元電磁界シミュレーションを実行する

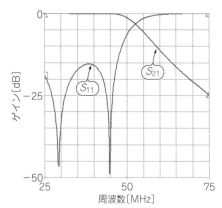

図6 図5のシミュレーションを実行すると，カットオフ周波数が図4より低い周波数にシフトする

されたラダー回路を合成できるので，図2に示すラダー回路に当てはめて動作関数を回路化していきます．次数nが奇数のときは対称図形になります．

次式に表1に示す基本エレメント値を代入することで，実周波数での回路が図3のように完成します．

$$L_i = Z_0 g_i / \omega_1 \, (i = 1, 3, \cdots, n) \cdots \cdots \cdots \cdots (2)$$
$$C_j = g_j / (Z_0 \omega_1) \, (j = 2, 4, \cdots, n-1) \cdots \cdots (3)$$

図4に回路シミュレータでの回路特性を示します．カットオフ周波数50 MHz，リプル特性0.2 dBを確認でき，設計値どおりのLPFになっていることがわかります．

● 電磁界シミュレータを用いて回路を検討する

前項までで理論的な50 MHzのLPFが完成しました．実際の基板上ではどのような動作をしているのでしょうか．3次元電磁界シミュレータS-NAP Wireless Suite(MEL)を用いて，コイルや配線パターンに流れる電流などについて確認してみます．

▶コイル部分の設計

巻き線コイルのインダクタンスは，長岡係数を用いた(4)式で計算できます．

$$L = \frac{K \mu S N^2}{l} \cdots \cdots \cdots \cdots \cdots \cdots \cdots (4)$$

ここで，K：長岡係数，μ：透磁率，A：断面積 [m²]，N：巻き数，l：コイル長 [m]

例えば，D(コイル径) = 5 mm 線径 = 0.25 mm 巻き数 = 10 コイル長 = 5 mmで計算すると，$L = 368$ nHとなり，L_3に近い値になります．この値を基に電磁界シミュレータに近い数値($D = 5.15$ mm ピッチ = 0.5 mm)を設定し計算してみると，$L = 352$ nHが得られます．同じようにL_1, L_3についても計算すると，巻き数 = 7で215 nHが得られます．これらのコイルを基板上に配置すると，図5のようになります．

▶部品実装状態でのフィルタ特性

プリント基板上に部品が実装された状態で，3次元電磁界解析を実行してみます．図6は，基板の両端に設けた2つのポート間の特性で，通過特性(S_{21})とリ

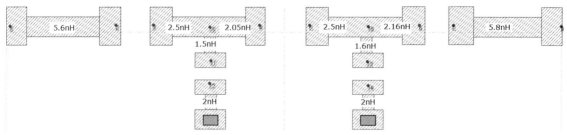

図7 配線パターン，ビアの等価インダクタンスの影響を調べるためのモデル

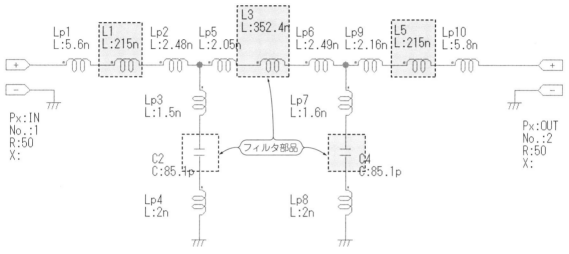

図8 配線パターンのインダクタンスを考慮したLPF回路
図7のモデルから配線パターンを抽出する

ターン・ロス特性（S_{11}）を示しています．**図4**の回路シミュレータでの特性と同じカーブを示していますが，カットオフ周波数が少し低い周波数にシフトしていることがわかります．このようなズレが部品を実装した状態では現れてきます．

▶配線パターンの影響を確認する

　回路シミュレータでの特性と比較してカットオフ周波数が少し低い周波数にシフトしている原因を考えます．可能性としては，配線パターンの長さやビアの影響，コイル間の結合などが考えられます．電磁界シミュレータで配線パターンとビアのインダクタンスを調べてみます．配線パターンとビアを考慮したモデルを**図7**に示します．配線パターン幅は主に2.1 mmを用いていますので，1 mmあたり0.45 nHです．これらの寄生成分を，**図8**のような回路に組み込んで回路シミュレーションを実行してみます．結果は，**図9**のとおり電磁界特性に近づいてきます．S_{21}はほぼ同じ値を示しています．この結果はまだグラウンド面の影響は考慮していませんが，少なくとも配線パターンとビアのインダクタンスが特性に影響を及ぼしていることがわかります．

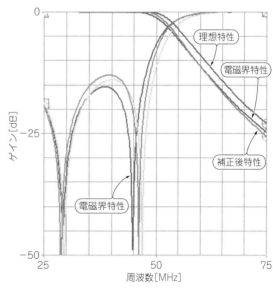

図9 配線パターンのインダクタンスやビアが通過特性に影響を与えている（図8のシミュレーション）

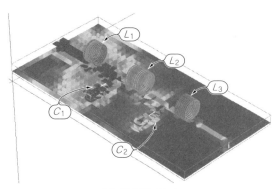

（a）75 MHzのとき

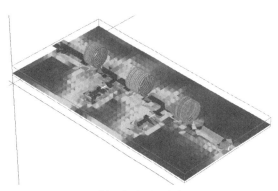

（b）52.7 MHzのとき

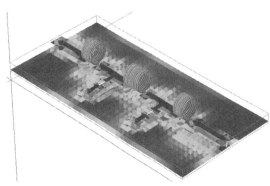

（c）30 MHzのとき

図10 3次元電磁界シミュレータを利用するといくつかの通過周波数における電流分布が一目瞭然である
（a）では，L_1からC_2にいたる経路でほとんどの電流が流れている．ポート2ではわずかな電流しか流れていない．L_1のコイルには強い電流が流れ，L_3にはほとんど流れていない．（b）ではポート2に少し電流が流れ出ている．L_1，L_2，C_1，C_2に電流が流れ，C_2までで信号がカットされている．（c）では，ポート1と同じレベルの電流がポート2にも流れている．L_1〜L_3には同程度の電流が流れている

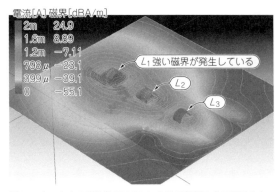

電流[A] 磁界[dBA/m]
2m 24.9
1.6m 8.89
1.2m −7.11
798μ −23.1
399μ −39.1
0 −55.1

L_1 強い磁界が発生している
L_2
L_3

図11 カットオフ周波数75 MHzにおける基板上方の磁界分布
この周波数では，L_1に大きな電流が流れているので，L_1の周りに強い磁界が発生している．コーンは磁界の向きを表していて，コイルの内部ではコイルに平行な方向に発生している

▶周波数による電流分布の違い

図10は，いくつかの通過周波数における電流分布です．誘電体部分は透明表示になっています．部品面とグラウンド面の両方が見えています．図10（a）は75 MHzの場合で，−25 dBの減衰が得られる周波数です．このときは，L_1からC_2にいたる経路でほとんどの電流が流れていて，ポート2ではわずかな電流しか流れていないことがわかります．

図10（b）は52.7 MHzのときで，約−3 dBの減衰が得られる周波数です．このとき，ポート2に少し流れ出ていることがわかります．

図10（c）は30 MHzのときで，完全に通過帯域での周波数です．ポート1と同じレベルの電流がポート2にも流れていることがわかります．

▶基板上面の磁界

カットオフ周波数における基板上方の磁界分布を図11に示します．この周波数では，L_1に大きな電流が流れており，強い磁界が発生していることがわかります．電流は短い距離を流れようとしているので，内側の電流が大きくなります．

　　　　　　＊　　　　＊

フィルタ設計の基礎として，動作関数フィルタをラダー回路で合成する手法を紹介しました．5次のチェビシェフLPFを設計し回路特性を確認しました．

実装状態の電磁界モデルを作成し，理論値との誤差について検討しています．配線パターン上で電流がどのようにふるまっているかを確認できました．結論として，実装状態では，低い周波数帯域においても，配線パターン，ビア，グラウンド面の影響を考慮する必要があります．

〈小川 隆博〉

（初出：「トランジスタ技術」2018年4月号）

● 電流分布特性

S-NAP Wireless Suiteは，Mixed Potentialを用いたモーメント法ソルバで，導体上の電流密度と電荷を1次変数としているので，プリント・パターンやコイルに流れる電流のようすを見ることができます．

直伝！匠の技 (51)

寄り道厳禁！ RF電流は最短で往復

[DVDの見どころ] DVD番号：H-09

- (シミュレーション) マイクロストリップの直下の配線にスリットを入れて100MHzの信号入力時のリターン電流を確認
- (シミュレーション) 上記と同じモデルで1.53GHz, 4GHzの信号入力時のリターン電流を確認

〈編集部〉

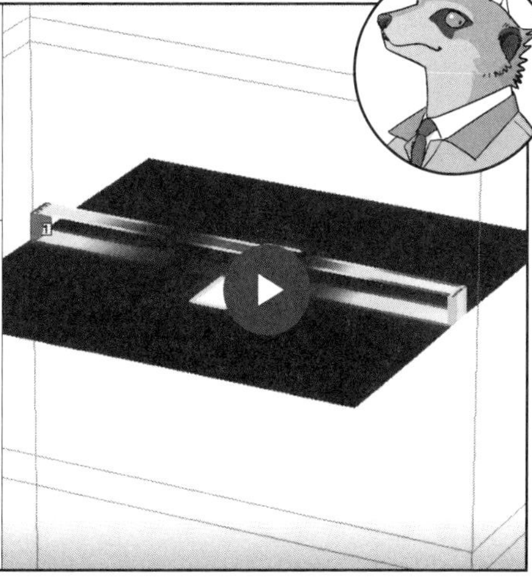

● 電気の気持ちになって配線する

電流は水流に例えられ，回路の配線は水路をイメージして説明されることが多いです．回路とは読んで字のごとく，電流がひと回りしている線路です．電流に着目すれば，電源→線路→負荷→線路→電源へと「回路」を成しており，これらが「電気回路の3要素」です．

水流は十分な幅で真っすぐな水路を気持ち良く流れます．電流も同じで，くねくねと曲がりくねった細い線路は苦手です．線路の途中に大きな障害物があれば，勢い余ってあふれ出すこともあるでしょう．そこで基板の配線パターンは，電気の気持ちになって設計することがとても重要です．

● 電流は最短経路で戻ってくる

ベタのグラウンド・パターンに流れる電流は，配線電流の直下に映したように，最短距離の直線に流れています．図1(a)に示す直流回路で考えてみます．図2に示すようにアルミはくに流れる電流は，マイクロストリップ・ラインのベタ・グラウンドのそれと同じことになります．

このときも，アルミはくに流れる電流は，最短の直線ですが，マイクロストリップ・ラインの場合も含め，これらの電流路をリターン・パス(戻りの経路)と呼んでいます．

● 線路途中の障害物があるとどうなる？

このリターン・パスの途中に障害物があるとどうなるのか，電磁界シミュレーションで調べてみましょう．ここでは無償のSonnet Lite(ソネット技研)を使っています．本ソフトウェアは，文献(1)に付属するCD-ROM，または次のサイトから入力できます．

https://www.sonnet.site/free/

図3は，ベタ・グラウンドの中央に1本の線路と直交したスリット(細い溝)があるマイクロストリップ・ラインで，金属表面の電流強度を表しています．リターン・パスの途中に穴が開いているので，電流は最短の直線で跳び超えることができずに，スリットの縁に沿って分岐し迂回してから合流しているのがわかるでしょう．

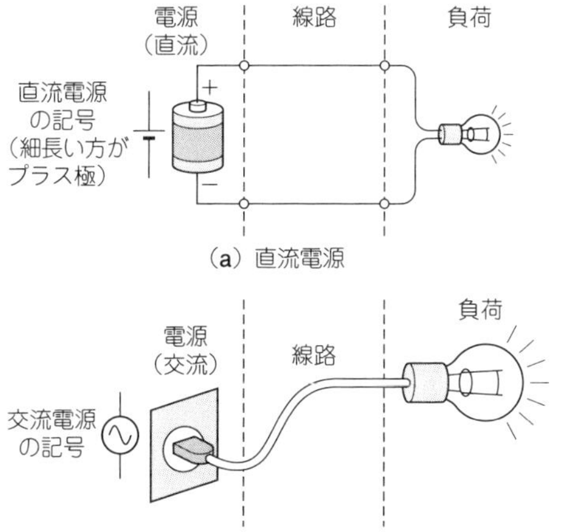

図1　電気回路の3要素は電源，線路，負荷で，一周する電流は「回路」を成す
オームの法則では，電圧を加えると，電流が流れて電力(＝電圧×電流)が負荷に伝わると説明される．電圧によってできる電界と電流によってできる磁界が空間を移動して，電力(＝電界×磁界)が負荷に伝わると説明するのが電磁気学(マクスウェルの電磁方程式)である

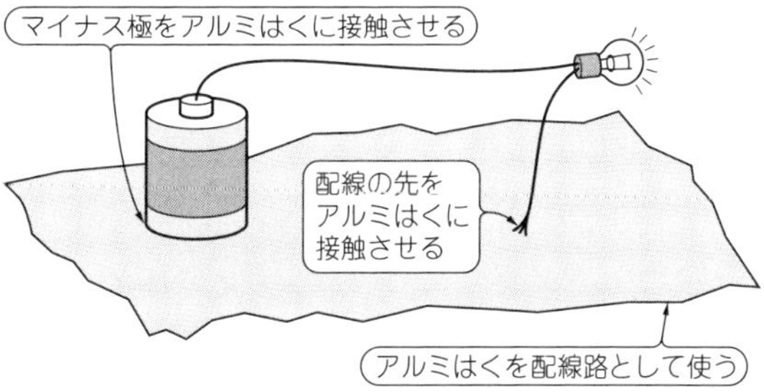

図2　アルミはくの電流経路は最短の直線で，リターン・パス(戻りの経路)と呼ばれる
アルミはくはマイクロストリップ線路(MSL：Microstrip Line)のベタ・グラウンドに相当する．配線が複数になっても，ベタ・グラウンドではそれぞれの電流が最短距離でリターンするので，途中に障害物(デバイスやスリットなど)を配置してはいけない

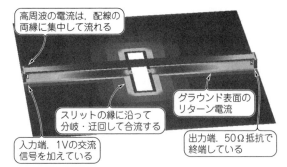

図3 ベタ・グラウンドの中央にスリット(細い溝)があるMSL
の電流強度分布(1.53 GHz)
基板寸法30×30 mm, 基板厚300 μm, 誘電体の比誘電率4.6, 線幅
2 mm, スリット幅2 mm, スリット長10 mm. 電流は最短の直線でス
リットを跳び越えずに, スリットの縁に沿って分岐・迂回して合流する.
この状態で, 直線路の直下のリターン電流は, スリットがない理想状態
に近い良好な電流分布である

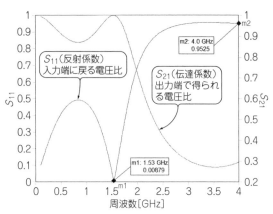

図4 4 GHzではS_{11}が0.95と高く, これは1 Vの入力で0.95 V
も反射している
S_{11}は反射係数, S_{21}は伝達係数を示している. 図3の周波数(1.53GHz)
では反射が極めて少なく, 電気はほとんど負荷側へ伝わっている

　このようなスリットは, 最悪ケースを想定した一例
です. 配線に極めて接近したスリットも障害物といえ
ますが, 実は周波数によっては問題ないときもあるの
です.

● インピーダンス・マッチングがとれていないと反
射する

　図4にSパラメータ[2]のグラフを示します. 電気信
号は負荷側へ100 %伝わるのが理想ですが, 途中にあ
る障害物でその一部が反射します. そこを回り込んで
負荷に到達しても, 今度は負荷のインピーダンスと線
路の特性インピーダンスが合わないと, 信号の一部は
反射します.

　図4内のS_{11}は反射係数です. これは入力に1 V加
えたとき, 入力側に戻ってくる電圧を示しているので,
2.5 G～4 GHzでは, 電気信号の多くが反射している
ことがわかります.

　1.53 GHzのように無反射に近いときもあり, この周
波数では問題ないでしょう. 100 MHz以下の低い周
波数では, スリットの影響がほとんどなさそうです[1].

● Sパラメータは「アナログRF」の強い味方

　GHz時代は, 基板の配線路を伝送線路として扱う
必要があります. すべてが負荷側へたどり着きたいと
いう電気の気持ちを確かめるためには, 図4に示す伝
達特性S_{21}のグラフを調べます. これは負荷側でどれ
だけ電圧がもらえているかを示す「伝達係数」なので,
上にあるほど電気は気持ち良く移動しているのです.

　図5は, S_{21}の値が小さい4 GHzにおけるグラウン
ド表面の電流強度です. リターン電流はスリット付近
でほぼゼロになっていますが, それらの箇所からスリ
ットのまわりをたどると, 強い電流が分布しているこ
とに気づくでしょう. 実はこのへりに沿って, 前項で
調べた「半波長共振」が起こることがあり, この場所
からの放射はお行儀の悪い電気, つまりRFノイズと

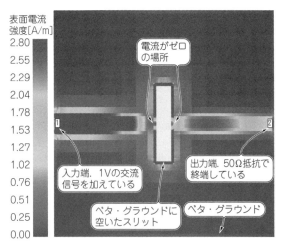

図5 S_{21}の値が小さい4 GHzにおけるグラウンド表面の電流強度
リターン電流はスリット付近でほぼゼロ. へりに沿った強い電流で「半
波長共振」が起こることがある. スリットをたどる上半分の電流強度は,
ゼロ→ピーク→ゼロの「半波長」の分布になっているように見える. こ
の長さがちょうど半波長になると共振(共鳴)が発生するので, 強い高
周波電流が流れて放射ノイズの原因となる

して嫌われることになるのです.

　　　　　　＊　　　　　＊

　図4に示したグラフは, ネットワーク・アナライザ
という測定器でも得られます. これからRFの基板設
計に携わるという読者は, 一日も早くSパラメータと
お友達になってください[2].

〈小暮 裕明〉

◆参考・引用＊文献◆
(1)* 小暮 裕明, 小暮 芳江;[改訂] 電磁界シミュレータで学ぶ
　　RFの世界, CQ出版社, 2010年.
(2)* 市川 古都美, 市川 裕一;RF回路設計のためのSパラメー
　　タ詳解, CQ出版社, 2008年.

(初出:「トランジスタ技術」2018年4月号)

直伝！匠の技 ㊾

GHz時代は要注意！差動線路でも現れる放射ノイズ

[DVDの見どころ] DVD番号：H-10
- シミュレーション 差動線路における放射ノイズ
- シミュレーション 差動線路がグラウンドのへりにある場合は？ 〈編集部〉

直伝！匠の技 ㊿

論より証拠！ リターン電流は「返ってくる」とは限らない

パターンを進む時の電気信

電界分布　　　　磁界分布

パターンを進むパルス信号を断面で見た電界と磁界分布

[DVDの見どころ] DVD番号：H-11～13
- 講義 低周波信号の場合，導体内の電子は移動速度が非常に遅く，電荷は左右に同量シフトする
- 講義 高周波信号の場合，電流は配線上だけでなくFR-4基板内も伝わっていく
- シミュレーション マイクロストリップ線路に短いパルス信号を入れてみる 〈編集部〉

直伝！匠の技 54

交流電力の重要アイテム！ Sパラメータをざっくり理解する

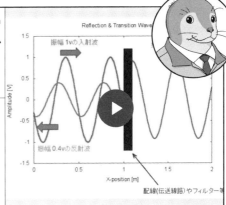

[DVDの見どころ] DVD番号：H-14
- 講義 Sパラメータとは，交流の電力を入力したときの反射電力と透過電力の比を周波数に対して表したものである
- 講義 「入射波」を回路網に入れると「反射波」と「透過波」が発生する 〈編集部〉

直伝！匠の技 55

特性インピーダンスは「水路の幅」と考えるとわかりやすい

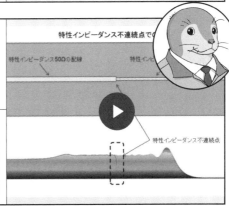

[DVDの見どころ] DVD番号：H-15
- 講義 特性インピーダンスの不連続点があると反射波が発生する
- 講義 マイクロストリップ・ラインを「水路」，ステップ・パルス信号を「水」に例える 〈編集部〉

第9章　電源回路とワイヤレス給電

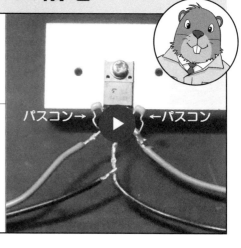

[DVDの見どころ] DVD番号：I-01

- 実験 オシロスコープで見るリニア・レギュレータのふるまい
- 実験 入力電圧が低下しすぎた…その時出力電圧は？
- 実演 発振を防止するコンデンサとその付け方

〈編集部〉

■ お手軽・簡単，定電圧回路の基本「リニア・レギュレータ」

電子回路を動かすには，変動しない電圧を電源に供給する必要があります．

電源作りの主役と言えば，3端子レギュレータICに代表されるリニア・レギュレータでしょう．リニア・レギュレータは安定した電圧を得たいときに使われます．使用状態によって電圧が変動するバッテリや交流を整流して作られたリプルを含む電源は電圧が安定していませんが，3端子レギュレータICを挿入すると一定の電圧にできます．

● 内部回路と動作

図1に3端子レギュレータICの内部を示します．トランジスタとそれを動かす制御回路で構成されています．制御回路は，出力電圧が常に所定の値になるようにトランジスタの動作状態を制御しています．入力電圧が変動しても出力電圧は一定なので(図2)，入力電圧を削り取って出力電圧を安定させているイメージです．

トランジスタは回路に直列接続されています．出力電流はトランジスタにも流れます．トランジスタの両端には，入力電圧と出力電圧の電圧差があるので，電力(＝入力出力電圧差×出力電流)がレギュレータ内部で消費されます．

3端子レギュレータICは簡単に安定した出力電圧が得られるのでつい無関心になりがちですが，正しい使い方を理解していないと思わぬトラブルに見舞われます．

● 熱対策は必須

リニア・レギュレータは，電力を消費しながら出力電圧を安定させます．消費した電力は熱となってレギュレータを高温にします．

5V出力のレギュレータICに12Vを加えて0.2Aの出力電流を取った場合，1.4Wが発生します．

$$(12V - 5V) \times 0.2A = 1.4W$$

放熱フィンなしでは壊れてしまうレベルの損失です．

小電流の回路で，表面実装タイプを使うときでも，想定される損失を事前に見極め，必要に応じて温度測定して問題ないことを確かめる検証作業は必須です．

● 入力電圧は高すぎず低すぎず

入出力電圧差も確認事項の1つです．トランジスタの電圧降下分や制御回路の動作電圧に考慮して，出力電圧よりも十分に高い電圧を加えます．

データシートに，最小入出力間電圧差，ドロップアウト電圧などの使用条件が記載されているので，その値に適合しているかを確認します．むやみに高い入力電圧で使用すると，損失を増加させてしまいます．

● 直近にコンデンサを置くと安定感が増す

3端子レギュレータICのデータシートには，IC前後のできるだけ近い場所にバイパス・コンデンサ(パスコン)を取り付けるよう明記されています(図3)．

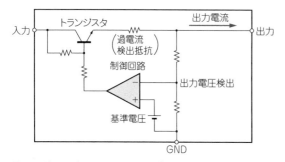

図1　3端子レギュレータICの回路ブロック

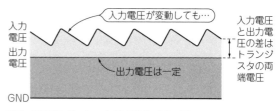

図2　3端子レギュレータICの動作イメージ

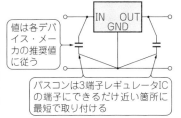

図3 3端子レギュレータの入出力近くに小容量のコンデンサを接続してノイズを除去したり，発振を防止したりする

値は各デバイス・メーカの推奨値に従う

パスコンは3端子レギュレータICの端子にできるだけ近い箇所に最短で取り付ける

出力側の電圧が入力電圧を上回り危険な状態になる前にバイパス・ダイオードを通して入力側に電流が流れる

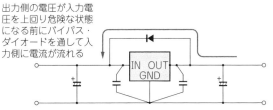

図4 バイパス・ダイオードを付けておくと逆電圧による破壊を防止できる

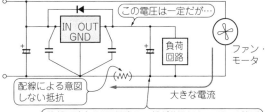

この電圧は一定だが…

ファン・モータ

配線による意図しない抵抗

大きな電流

外部回路とGND経路の一部が共通になっている箇所があると，負荷回路のGND側の電圧が移動する

（a）配線経路の一部が共通になっている例

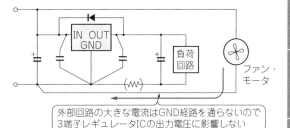

ファン・モータ

外部回路の大きな電流はGND経路を通らないので3端子レギュレータICの出力電圧に影響しない

（b）配線経路を分離した改善例

図5 経路による出力電圧変動がないように配線パターンを設計する

適切な場所に必要な容量のパスコンが接続されていないと，出力電圧が安定しなかったり，リプル除去率などの性能が十分得られなかったりします．

常温では問題がなくても，使用温度環境が変わると発振して出力電圧が大きく変動することがあります．広い動作温度範囲が求められる機器では，高温時・低温時の動作に異常がないかも確認します．

■ よくある3端子レギュレータICのトラブル

● 電源を止めると壊れる？ 怖い逆バイアス

リニア・レギュレータによって安定化された電源は後段のICや回路に供給されます．それらの入力部にもそれぞれコンデンサが接続されます．後段に接続する回路数が多くなるとコンデンサの合成容量も増えます．

動作している機器を停止するときレギュレータの入力を遮断すると，直前の動作状態によっては，3端子レギュレータICの入力電圧は落ちていくのに出力電圧は後段のコンデンサで保持されたままとなることがあります．この電圧の逆転現象は3端子レギュレータICを壊すこともあります．ICの破壊原因は電源の停止だった，という可能性もあるわけです．

このようなトラブルを防ぐには，図4に示すような出力側から入力に電流を流すバイパス・ダイオードを取り付けます．ダイオードはできるだけV_F（順方向電圧降下）の小さいものを選びます．

● 無負荷でも消費電力はゼロではない

図1を見ると，リニア・レギュレータの出力電流がゼロならば，損失もゼロになると思えます．しかし実際は消費電力ゼロにはなりません．IC内部の制御回路にわずかながら電流が流れているからです．

3端子レギュレータICのデータシートには「バイア

ス電流」や「無効電流」の名称で，制御回路が消費する電流の値，数m〜十数mAが記載されています．

バイアス電流による電力消費は，入力電圧×バイアス電流なので，10m〜100mWの範囲が多いでしょう．数値としては小さいのですが，機器の待機電力をできるだけ低くしなければならない機器（コンセントにつなぎっぱなしになる製品や電池で駆動する機器）では，mWオーダで消費電力を低減することが求められるので，バイアス電流も確認して品種を選択します．

● GNDパターンの配線は正しく分離する

せっかくリニア・レギュレータで出力電圧を安定にしても，負荷につながる経路の配線に不備があると，一定電圧が欲しいICや回路の入力端では期待した電圧安定度が得られないことがあります．

例えば，図5のようにファンやリレーを駆動する回路の一部がリニア・レギュレータの出力回路と共通になっていると，ファンが動作したときに配線インピーダンスによって電圧降下が起こり，レギュレータ出力に接続されたICや回路に供給される電圧が変動してしまいます．ファンやリレーが発生するノイズの影響も受けやすくなります．

ノイズや変動を発生するデバイスの配線経路と電圧変化に敏感なICや回路の電源ラインは分離し，互いに干渉しない設計上の配慮が求められます．〈梅前 尚〉

◆参考文献◆
(1) 1A固定出力LDOレギュレータ BAxxCC0Tシリーズ データシート，ローム㈱．
（初出：「トランジスタ技術」2018年4月号）

電気・電子 アナログ ディジタル 製作実習 測定 回路実験 基板・雑音 RF 電源回路 放熱 センサ 高精度A-D

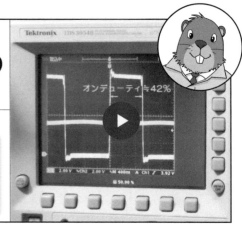

①昇圧②降圧③反転！DC-DCコンバータの3回路方式

直伝！匠の技 ㊼

[DVDの見どころ] DVD番号：I-02

- **実験** 降圧コンバータ回路の入力電圧を変更してPWM制御が実行されていることを確認する
- **実験** 出力電圧のリプルを観測する
- **実験** スイッチング・ノイズを観測する

〈編集部〉

■ スイッチングでレギュレータの効率改善

● **リニア・レギュレータの弱点は損失が大きいこと**

リニア・レギュレータは，簡単に安定した電圧を得られますが，不要な電力を熱として消費するので，機器の省電力化の妨げとなります．出力電流が大きいとリニア・レギュレータの損失は数W〜数十Wの大きな値となります．リニア・レギュレータは電流を流しっぱなしにしているために起こる問題です．

● **高速でスイッチをON/OFFすると損失が減らせる**

図1のように，レギュレータの入出力間にスイッチを設けてONとOFFを高速で繰り返し，その出力をフィルタで滑らかにすれば，必要な分だけしか電流は流れないので，損失の少ない定電圧回路ができるはずです．こうして作られたのがスイッチング・レギュレータで，今や電源回路の主流となっています．

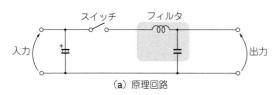

（a）原理回路

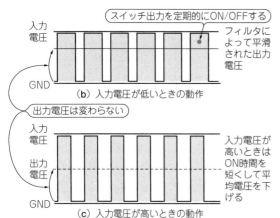

（b）入力電圧が低いときの動作

（c）入力電圧が高いときの動作

図1 スイッチング・レギュレータの動作メカニズム（降圧）

リニア・レギュレータで問題となったトランジスタでの損失が減少するため，大きな放熱フィンが不要となり，電源回路の小型化や軽量化にも寄与しています．

● **安定した出力を得るカギはPWM制御**

スイッチング・レギュレータで希望する出力を得るには，ON/OFFのタイミングを調整してスイッチを通る電力を制御します．フィルタで平滑して安定した出力電圧を取り出します．

ON/OFFの周期はそのまま，入力電圧が出力電圧よりも少しだけ高いときにはON時間が長くなるようにします．入力電圧がそれよりも高いときにはON時間を短くすれば，スイッチ出力の平均値（出力電圧）を同じ値にできます．この制御方法はPWM制御（Pulse Width Modulation）と呼ばれ，最も使われています（**図1**）.

● **スイッチング・レギュレータのデメリット**

リニア・レギュレータにはなかった問題もいくつかあります．スイッチング・レギュレータでは，トランジスタなどのスイッチ素子を数十k〜数MHzという高速でON/OFFします．このスイッチ動作をするための制御回路を構成する部品数は必然的に多くなります．

制御回路を動かすための電力が必要なうえに，スイッチ素子は瞬時にON/OFFの状態が切り替わることができないので，OFFからONに，逆にONからOFFになるときにスイッチング損失が発生します．このため，損失はゼロではありません．

このON/OFFの際に電流・電圧が急速に切り替わるので，スイッチング・ノイズが発生します．PWMパルスはフィルタで平準化されますが，フィルタで除去しきれない電圧変動も残り，リプル電圧として出力されます．

スイッチング・レギュレータは，こういったデメリットを把握したうえで使いこなすことが大事です．

■ トランジスタ，コイル，ダイオードを組み換え！昇圧/降圧/反転DC-DCコンバータ

● **リニア・レギュレータより低損失な降圧型**

リニア・レギュレータと同じように，高い電圧から

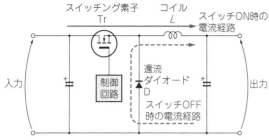

図2 基本回路① 高い入力から低い安定した電圧を出力する降圧型コンバータ(バック・コンバータ)

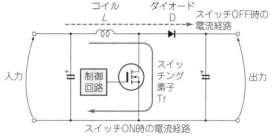

図3 基本回路② 入力より高い電圧を出力する昇圧型コンバータ(ブースト・コンバータ)

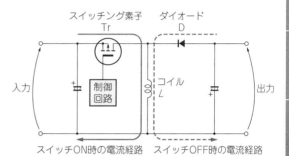

図4 基本回路③ 出力電圧が負極性の反転型コンバータ

低い安定した電圧を得る降圧型のスイッチング・レギュレータの基本形は**図2**です.この回路はバック・コンバータまたはダウン・コンバータとも呼ばれます.

スイッチング・トランジスタTrをONにすると,入力段のコンデンサからTr→コイルLの経路で出力端のコンデンサならびに出力に電流が流れます.

コイルには電流の変化を妨げようとする特性があるので,トランジスタがONしても電流は一気に流れるのではなく,徐々に増加します.次にTrをOFFすると,入力からの電力供給はなくなりますが,今度はコイルが電流を流し続けようとします.その経路を作るのが還流ダイオードDです.出力コンデンサのマイナス側からGNDを通ってD→L→出力コンデンサという電流のルートができます.バック・コンバータはこれを繰り返すことで出力制御を行います.バック・コンバータの出力電圧は次式で決まります.

$$V_{out} = V_{in} \times t_{on} \div (t_{on} + t_{off})$$

ただし,V_{out}:出力電圧,V_{in}:入力電圧,
t_{on}:TrがONしている時間,
t_{off}:TrがOFFしている時間

一定の周波数(周期$T = t_{on} + t_{off}$が一定)なら,1周期のうちのON時間の比率(オン・デューティ)を制御すると,希望する出力電圧が得られます.

● **電圧を上げることもできる**

リニア・レギュレータでは基本的に入力電圧よりも低い出力しか出せません.しかしスイッチング・レギュレータでは,部品の配置を変えることで電圧を高くする昇圧型コンバータ(ブースト・コンバータとも呼ばれる)や出力電圧が負極性の反転型コンバータも作れます.

図3はブースト・コンバータの基本回路です.バック・コンバータと使っている部品は同じですが,Tr,L,Dの配置が入れ替わっています.

TrをONすると,入力コンデンサ→L→Trのルートで電流が流れます.コイルがあるのでいきなり短絡電流が流れるのではなく,コイルに磁気エネルギを蓄えながら徐々に電流が増えます.

TrがOFFすると,LとDを通って出力されます.

TrがONしている間にコイルにエネルギが蓄えられているので,入力電圧にLが蓄えたエネルギが重畳され,高い電圧が出力されます.

ブースト・コンバータの出力電圧は次式で決まります.

$$V_{out} = V_{in} \times \frac{t_{on} + t_{off}}{t_{off}}$$

この式から,出力電圧は1周期のうちのOFF時間の比率(オフ・デューティ)に反比例した値となることがわかります.ブースト・コンバータでも,スイッチ素子TrをPWM制御すると任意の電圧を得られます.

● **マイナス電圧も昇降圧も実現できる**

スイッチング・レギュレータは,**図4**の接続とするとマイナスの出力が得られます.回路構成部品は増えますが,1つのレギュレータで降圧動作と昇圧動作をする昇降圧コンバータ(バック・ブースト・コンバータ)も実現できます.残量によって電圧が変動する2次電池から,安定した電圧を作り出す電源としてよく採用されています.

部品点数が増えるという欠点も,最小限の外付け部品でスイッチング・コンバータを構築できる専用ICが多数販売されるようになり,充実したアプリケーション・ノートが整備されたことで,手軽にスイッチング電源が作れるようになっています.〈梅前 尚〉

◆参考文献◆
(1) CQエレクトロニクス・セミナ 実習・電源回路入門［電源回路実務設計シリーズ1］セミナ・テキスト,CQ出版株式会社.
(初出：「トランジスタ技術」2018年4月号)

電気・電子

アナログ

ディジタル

製作実習

測定

回路実験

基板・雑音

RF

電源回路

放熱

センサ

高精度A-D

直伝！匠の技 58 小型＆軽量＆高性能！定番スイッチング電源のメカニズム

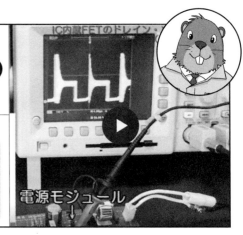

電源モジュール

[DVDの見どころ]　DVD番号：I-03

- 実演 ディジタル・マルチメータによる抵抗値の測定方法
- 実験 Nullボタンによるリファレンス調整
- 実験 測定レンジの変更により内部抵抗が変化してで電流測定誤差が大きくなる　〈編集部〉

■ AC-DC電源はいまやほとんどがスイッチング電源

● 小さくて軽くなったACアダプタ

コンセントに差し込んでDC電圧を供給するACアダプタは，昔は商用周波数のトランスを搭載しており，大きくて重い印象でした．しかし20年の間に，軽くて小さなスイッチング方式に置き換わり，昔のような重いACアダプタを見かけることは減多にありません．

スイッチング方式のACアダプタのメリットは小型・軽量化にとどまりません．リニア方式からスイッチング方式に変わることで格段に効率が向上しただけでなく，商用トランスでは難しかった100～240 Vのワールド・ワイド入力対応，無負荷・軽負荷時の待機電力の低減など，多くの利点があります（表1）．

● 制御ICも充実

ACアダプタのようなAC-DC電源は，入出力間を絶縁する必要があるため，絶縁トランスの設計や作成に手間がかかります．しかし絶縁トランス以外の主要部分，制御回路とパワーMOSFETがワンパッケージに収まったICが販売されるようになり，設計や調整の工程が簡素化されたことで，導入のハードルは低くなりました．

数W～100 Wの比較的小さな容量ではフライバック方式と呼ばれるスイッチング電源が主流となっており，家電製品の多くに組み込まれています．

表1　ACアダプタの回路方式による違い

リニア方式	スイッチング方式
商用周波トランス（安定化した電圧が必要ならリニア・レギュレータを追加する）	高周波トランス＋スイッチング回路
重い・大きい	軽量・小型
損失が大きい	損失が少ない
基本的に単一入力電圧	広い入力電圧範囲
商用トランスの励磁電流による待機電力が発生	間欠発振（バースト・モード）などの制御技術で待機電力を低減

■ 定番！フライバック方式の回路と動作

● 基本回路構成

フライバック方式の基本回路を**図1**に示します．

まず入力AC電源を全波整流して，高電圧の直流を作ります．これをトランジスタなどスイッチング素子でPWM制御して出力を制御します．

スイッチング素子には，高周波動作でも損失の少ないパワーMOSFETが使われます．スイッチング周波数は50 k～150 kHzが一般的です．

周波数が高いほどトランスのインダクタンスを小さくできるので，コイルの巻き数が少なくなり小型のトランスに仕上げられます．トランスのコアには，高周波での損失が少ないフェライトが使われます．

● トランスの1次と2次で逆極性

フライバック方式の特徴は，巻き線の極性にあります．**図1**中のトランス巻き線には，極性を示す●印があります．記号がついている側からコイルを巻いています．1次側巻き線と2次巻き線の極性が逆です．

MOSFETがONのときに1次側（AC電源側）のコイルが通電し，トランスのコアにエネルギを蓄えます．MOSFETがOFFすると，2次側（出力側）の巻き線に接続されたダイオードが導通して，出力に電力が送られます．

非絶縁のブースト・コンバータは，スイッチング・トランジスタがONのときにコイルにエネルギを蓄え，OFFで入力電圧に重畳して出力していました．フライバック方式の電源は，このコイルの働きをトランスが行っていて，コアにエネルギを蓄える1次側巻き線と，蓄えたエネルギを放出する2次側巻き線，という形にコイルが分割されたと考えればよいでしょう．

● 巻き線の極性が違うと別の方式になる

巻き線の極性が同じ向きの回路はフォワード方式と呼ばれ，1次側コイルが通電しているときに2次側コイルに出力されます．

フォワード方式は，部品点数は増えるかわりに大電

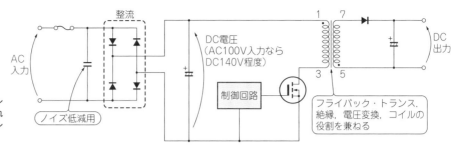

図1 絶縁型のスイッチング電源で最も多く利用されているフライバック・コンバータの基本回路

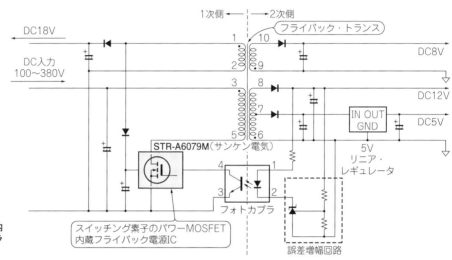

図2 パワーMOSFET内蔵の電源ICを使ったフライバック・コンバータ

電気・電子

アナログ

ディジタル

製作実習

測定

回路実験

基板・雑音

RF

電源回路

放熱

センサ

高精度A・D

力を扱いやすいので, 100 W以上の比較的大きな電源によく用いられています.

● 2次側回路からフィードバックして定電圧を作る

2次側巻き線からは矩形波が出力されます. 1次側をPWM制御すると, 2次側に発生する波形のパルス幅が変わるので, 整流・平滑すると任意の電圧が得られます.

このままでは出力電圧の状態を1次側に設置した制御ICに伝えられず, 適切なPWM信号を作り出せません. そこで, 絶縁型電源の多くは出力側に電圧検出回路を設け, 2次側に作った基準電圧と比較し, 差分に応じた信号をフォトカプラで絶縁しながら1次側のPWM制御ICに送ることで, 定電圧制御を実現しています.

■ 多チャネル出力の　フライバック・コンバータ

図2は, パワーMOSFET内蔵型フライバック電源用IC STR-A6079M(サンケン電気)を使った多出力スイッチング電源の概略回路です. 制御回路はスイッチ素子とともにIC化されているので, 少ない部品で構成できます. 出力電圧の制御は2次側12 V出力で行っ

ています.

● 巻き線を追加して多出力化

フライバック方式では, 絶縁トランスに1次側巻き線と極性が逆になったフライバック巻き線を追加することで, 複数出力を簡単に作れます.

各出力の電圧は, 電圧制御される出力の巻き線との巻き数比で決まります. 図2の回路では, 12 Vが制御される出力です. 8 Vと1次側の18 Vは, これに比例した出力電圧が得られます. 5 V出力は, 3端子レギュレータICを使って12 Vからノイズの少ない安定した電圧を作っています.

図2の回路の電源は, パワーアシストテクノロジーからディジタル制御電源の補助用として販売されています. 5 V出力はディジタル制御を実行するマイコンの電源, 12 V出力はリレーやファンなどの駆動, 絶縁出力の8 Vは, マイコンとは電位の異なる箇所の電圧検出を行う絶縁アンプの1次側電源用です. 1次側の18 Vは, ディジタル制御電源主回路のスイッチング素子駆動用電源です.

〈梅前 尚〉

(初出:「トランジスタ技術」2018年4月号)

直伝！匠の技 ⑤9 電磁波エネルギ発射！ワイヤレス電力伝送のメカニズム

［DVDの見どころ］DVD番号：I-04

- **講義** 電磁誘導方式のメカニズム
- **実験** アンプの発振周波数を変更すると，共振周波数のピークでランプが明るくなる
- **実験** 受電コイルと送電コイルの空間に紙，磁性材料のシート，基板を挟んでランプの点灯状態を確認 〈編集部〉

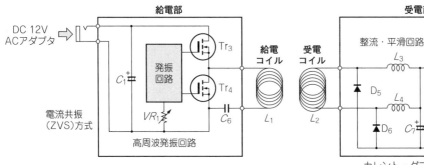

図1 ワイヤレス給電の回路例

スマートフォン用非接触充電スタンドなど，ワイヤレス給電の製品が増えています．より大きな電力伝送の実用に向けて，いろいろな方式が研究されています．ここでは，製品の採用例が多い電磁誘導方式について，ワイヤレス給電実験キット 扁平コイル・セット（CQ出版社）を例にワイヤレス給電の基本動作を解説します．

● **実験で利用した回路**

ワイヤレス給電の実験回路を**図1**に示します．

▶**給電部**

外部からDC12 Vを供給して動作します．スイッチ素子Tr_3，Tr_4の2石によるハーフ・ブリッジ回路になっています．可変抵抗VR_1で発振周波数を約130 k〜200 kHzまで変えられます．結合部のギャップ（隙間）やインダクタンスなどの条件が変わっても共振周波数を合わせられます．給電コイルL_1とC_6のコンデンサで直列共振回路が形成された電流共振（ZVS）方式の高周波アンプとなります．

▶**受電部**

受電コイルL_2は，給電コイルL_1から電磁誘導エネルギの高周波電流を受けて，整流平滑により直流を出力する回路です．受電コイルの端子に外部コンデンサを追加して並列共振させたときの動作も確認できます．

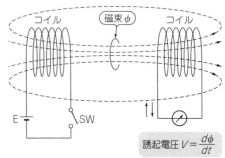

図2 磁束変化に比例して誘導電圧が発生することを定式化したファラデーの法則

$$誘起電圧\ V = \frac{d\phi}{dt}$$

5 V出力の3端子レギュレータを備えていますが，この実験ではランプ負荷の照度変化を見やすくするため非安定出力を使います．

● **電磁誘導方式のメカニズム**

1833年に発見され，動作原理はファラデーの法則としてまとめられました．**図2**に示すコイルにおいて，磁束ϕが変化すると，起電力が別のコイルに発生し，電流が流れる，という原理です．

キットのコイルにおける磁束のふるまいを**図3**に示します．給電コイルをL_1，受電コイルをL_2とすると，磁束は点線のように鎖交し，受電側に伝わります．

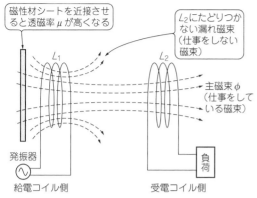

図3 給電コイルL_1と受電コイルL_2の間にある磁束は点線のように鎖交し，受電側に電力を伝送できる

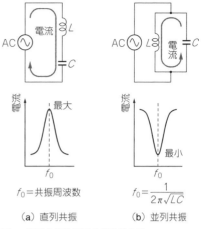

$f_0＝$共振周波数

$$f_0 = \frac{1}{2\pi\sqrt{LC}}$$

（a）直列共振　　（b）並列共振

図4　直列共振と並列共振特性の違い

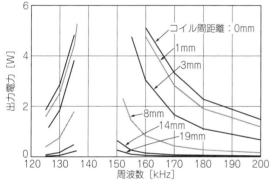

図5　給電コイルが直列共振になっている図1の回路でのワイヤレス伝送電力

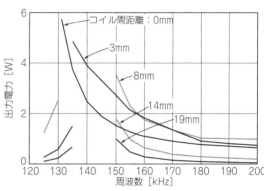

図6　受電コイル側にコンデンサを追加し並列共振させたときのワイヤレス伝送電力

すべての磁束が受電側に伝わるわけでなく，ワイヤレス給電のようにコイル間のギャップ距離が大きいとき，ほとんどの磁束は仕事をせずに外へ洩れていきます．そのような磁束を漏れ磁束と呼びます．

磁束の伝わり具合を表すパラメータが結合係数です．結合係数$k＝1$はすべての磁束が仕事している状態，結合係数$k＝0.5$は，発生した磁束の半分は漏れ電流として逃げてしまい仕事をしていない状態です．

● 漏れ磁束の存在を確認

図3に示す給電コイルL_1の裏側に磁性材料を近接させると，ランプが明るくなります．

これは，漏れ磁束を減らして主磁束の仕事量を増やしたからです．漏れ磁束の存在と，電力伝送効率の向上が確認できます．

● 共振させると大きな電力を伝送できる

図4に，直列共振と並列共振の基本動作を示します．図1の給電側は，直列共振回路になっているので共振時に最大電力が得られます．しかし，駆動回路から見たインピーダンスは最小となるので，大きな電流が

スイッチ素子に流れて，その素子が破損してしまいます．DC12 V電圧源には電流制限機能付きの直流電源を使い，電流を0.7 Aに制限して実験します．

▶周波数と距離により伝送電力が変わる

動画（DVD番号：I‐04）では，アンプの発振周波数を変更すると，共振周波数のピークでランプが明るくなっていることを確認できます．周波数変化とコイル間距離の特性を図5に示します．

▶受電側も共振させるとより大きな電力が伝わる

直列共振と並列共振は対になる特性です．受電側を並列共振させると，入力側から見た電流と電圧の力率を改善でき，より大きな電力が得られます．このときの特性を図6に示します．

このように，送電側に直列共振，受電側に並列共振を使う方法をワイヤレス給電ではS（シリーズ）‐P（パラ）方式と呼び，よく採用されています．

〈岡田　芳夫〉

（初出：「トランジスタ技術」2018年4月号）

お見事！フェライト・コアとコンデンサでコモン・モード・ノイズを押さえ込む

クランプ型ノイズ対策コアを装
ース内にはコンデンサを入れ
LCフィルタにする

「クランプ型のフェライト・コアは効かない」と思っていませんか？ 使いどころを間違えなければ，ノイズ除去用のフェライト部品はしっかり効きます．

● ノイズの種類を見極める

伝送されている信号のうち，一部に入っているノイズをディファレンシャル・モード・ノイズ，全部に同じように入っているノイズをコモン・モード・ノイズといいます．コモン・モード・ノイズはどんな周波数であれ，計装アンプや平衡トランスなどで低減できます．一方，ディファレンシャル・モード・ノイズは周波数などが信号と違っていなければ取り除けません．

● インピーダンスの低い回路に有効

リング型フェライト・コアに代表されるノイズ対策フェライト・コアの多くは，中に通した電線に対して数Ω～数十Ωの誘導性インピーダンスを与えます（直列にインピーダンスを挿入する）．つまり，信号入力などの高いインピーダンスをもつ回路には効きません．

電源回路など，インピーダンスの低い回路（回路のインピーダンスが数Ω以下）ならば，フェライト・コアでノイズを低減させることが可能です．コンデンサを並列に入れるなどして回路インピーダンスを下げれば，さらに効果が上がります．

● 実験！コモン・モード・ノイズ対策

金属ケースに入れた電源トランスの2次側に現れるノイズをオシロスコープで観測します．ノイズ源としては安定器つきの蛍光灯を使いました．安定器は数百mHのインダクタを含む回路なので，電流が遮断される（蛍光灯が消される）ときにかなり大きなノイズを発生します．

電源用の電線は普通の平行電線なので，ノイズを受信する「優秀なアンテナ」になります．

ここでは機器の電源の平行電線をコンセントにつながず，蛍光灯の近くに置きました（図1）．これだけで十分なノイズが観測できました．

ノイズ対策を行わない場合，蛍光灯を消したときのノイズは3 V_{P-p} 近い大きな値が観測できています［図2(a)］．ここで，以下の2つの対策を行い，再度，ノイズを観測してみます ［図2(b)］．

- ケース内で，電源ラインのL端子側・N端子側のそれぞれとケースの間にコンデンサを挿入
- ケースの外側すぐの場所にフェライト・コアを挿入．リング・コアには平行電線を5回巻く

対策後に観測されたノイズは0.4 V程度でした．電圧で7分の1程度，電力では50分の1になりました．

〈脇澤 和夫〉

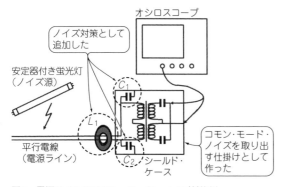

図1　電源ラインのコモン・モード・ノイズ対策例

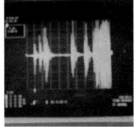 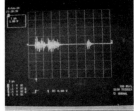

（a）対策前　　　（b）対策後

図2　コモン・モード・ノイズ対策前後のノイズ・レベルの変化
トランスをシールド・ボックスに入れ，コモン・モード・ノイズを取り出すように配線してノイズを観測したのが(a)である．その後，ケースの外にクランプ型ノイズ対策コアを装着し，ケース内にコンデンサを入れてLCフィルタを構成して観測したのが(b)である

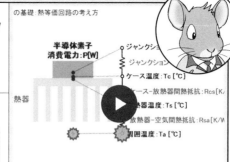

直伝！匠の技 ⑥1 パワー・デバイス長持ち！放熱器の性能計算

[DVDの見どころ] DVD番号：J-01
- **講義** 熱等価回路を電気回路に置き換えて理解する
- **講義** 熱抵抗と放熱性能の関係
- **講義** 放熱器と熱抵抗の関係

〈編集部〉

$$R_{JC} + R_{CS} + R_{SA} = (T_J - T_A) / P \quad \cdots\cdots (3)$$

熱のふるまいは，発熱体や放熱器を「熱等価回路」に置き換えると見えてきます．

等価回路を作るのに欠かせないのが，熱の伝わりやすさを表すパラメータ「熱抵抗」です．

● 放熱器の性能を表す熱抵抗

放熱器の性能を表す代表的な値として，熱抵抗R_{th} [K/W] があります．熱抵抗は単位消費電力P [W] あたりの温度上昇ΔT [K] で表します．消費電力Pが同じ場合，熱抵抗R_{th} が小さいほど温度上昇ΔT も小さくなります．つまり，熱抵抗R_{th} が小さいのは高い放熱性能を意味します．

$$R_{th} = \Delta T / P \quad \cdots\cdots\cdots\cdots\cdots\cdots\cdots\cdots\cdots (1)$$

● 電気回路に置き換えると理解しやすい

熱抵抗 [K/W] は，電気抵抗 [Ω] に，消費電力 [W] を電流 [A]，温度 [K] を電圧 [V] に置き換えて考えます．

熱抵抗 [K/W]	→	電気抵抗 [Ω]
消費電力 [W]	→	電流 [A]
温度 [K]	→	電圧 [V]

● 放熱器と発熱するチップを回路で表す

半導体素子に放熱器を取り付けた場合，図1のような直列回路で温度上昇を考えます．各数値には次に示す関係があります．

$$R_{JC} + R_{CS} + R_{SA} = \frac{T_J - T_A}{P} \quad \cdots\cdots\cdots\cdots\cdots\cdots (2)$$

● 放熱器の仕様を決めてみる

図2に示すように，周囲温度$T_A = 25℃$，ジャンクション温度$T_J = 90℃$，半導体素子の消費電力$P = 25W$ を満たすような放熱器の熱抵抗R_{SA} [K/W] を求めてみましょう．ジャンクション-ケース間熱抵抗$R_{JC} = 1.0$ K/W，ケース-放熱器間熱抵抗$R_{CS} = 0.1$ K/W と仮定します．

式(2)から，次のように変形できます．

$$R_{SA} = \frac{T_J - T_A}{P} - (R_{JC} + R_{CS})$$

$$= \frac{90 - 25}{25} - (1.0 + 0.1) = 1.5 \text{ K/W} \quad \cdots\cdots (3)$$

よって放熱器の熱抵抗は1.5 K/Wとなります．

〈深川 栄生〉

(初出：「トランジスタ技術」2018年4月号)

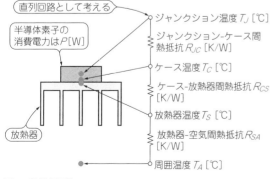

図1 熱等価回路
放熱器を取り付けたときの半導体の温度を簡単な計算で求められる．それぞれの部材について熱抵抗という値を求めておけばよい

ジャンクション温度T_J [℃]
ジャンクション-ケース間熱抵抗R_{JC} [K/W]
ケース温度T_C [℃]
ケース-放熱器間熱抵抗R_{CS} [K/W]
放熱器温度T_S [℃]
放熱器-空気間熱抵抗R_{SA} [K/W]
周囲温度T_A [℃]

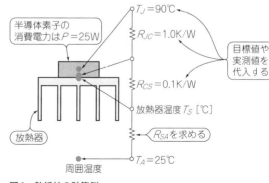

図2 熱抵抗の計算例
実際の熱等価回路は，温度上昇を求めるというより，温度上昇の上限から放熱器に要求される熱抵抗を逆算するように使う

熱シミュレーション！チップ部品の基板放熱技術

● **基板パターンによる放熱の技術が重要になっている**

写真1(a)の4つのデバイスは，旧来からあるスルーホール・タイプの電源レギュレータICです．

最近は，写真1(b)に示すような，面実装で形状の小さいパッケージ（SOT-89，SOT-23など）に収められたデバイスが多くなっています．機器の小型化が進んでいるのと，面実装品のほうが実装面やコスト面で有利になってきているのが理由です．

旧来のスルーホール・タイプの3端子レギュレータは出力電流を連続1 A流せるのに対して，面実装タイプはほとんどが0.1 A程度までと小さくなっています．

▶許容電力がプリント・パターンを介した放熱設計で変わる

旧来デバイスは表面積が大きく，デバイスから直接周囲の空気に放熱できますが，SOT-89やSOT-23ではパッケージの表面積が大幅に小さくなり，空気への放熱が期待できません．電源レギュレータのように内部発熱が大きい面実装部品は，プリント・パターンを介した放熱設計が重要です．

● **熱解析シミュレータを使ってデバイスの温度を見てみる**

図1に，フリーで使える熱解析シミュレータPICLS Liteで基板上に配置したSOT-89パッケージを熱解析

したようすを示します．図1では黒い煙が出ています．チップ温度（ジャンクション温度）が上がりすぎ，焼損することを直感的に表示しています．

デバイスの熱抵抗を適切に設定して基板の銅はく面積をどの程度にすればジャンクション温度が目標内に収まるかをリアルタイムに見ることができます．

● **デバイスの熱抵抗が重要なパラメータになる**

デバイス内部で発熱する熱をデバイス外部に伝えて放熱できないと，熱は内部にこもってしまい，デバイス内部の温度が上昇します．表面温度を測っただけで

部品に設定した許容温度を大幅に超えると黒い煙が表示される

図1 フリーの熱シミュレータPICLS Liteを利用すると，プリント・パターンによる放熱が適切に実施されているかを視覚的に確認できる
温度が過剰になるほど激しい煙が表示される

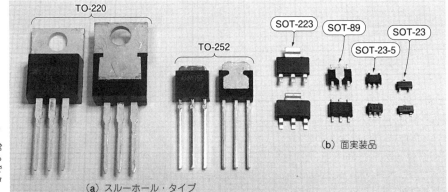

写真1 さまざまな電源IC
右側4種類の面実装部品は，左側3種類のスルーホール・タイプに比べて表面積が非常に小さい．デバイス表面から周囲の空気へはあまり放熱できないので，プリント・パターンからの放熱が中心

TO-220　　TO-252　　SOT-223　SOT-89　SOT-23　SOT-23-5

(a) スルーホール・タイプ　　(b) 面実装品

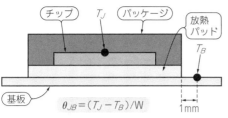

図2　面実装デバイスではジャンクション−基板間の熱抵抗がパッケージの放熱性能を表す
ジャンクション温度と基板上の直近点での温度間での熱抵抗 θ_{JB} を規定することが増えている

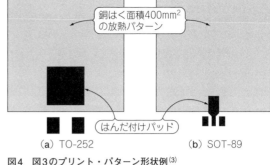

（a）TO-252　　　（b）SOT-89

図4　図3のプリント・パターン形状例[3]
図3の銅はく面積 400 mm² におけるプリント・パターン

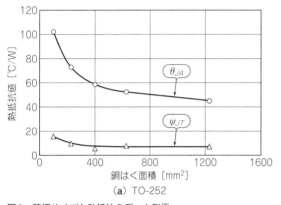

（a）TO-252

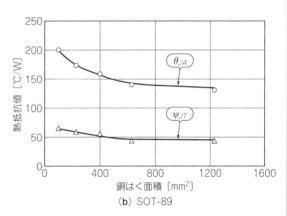

（b）SOT-89

図3　基板サイズと熱抵抗のデータ例[3]
θ_{JA} はジャンクションから周囲空気までの熱抵抗，ψ_{JT} はジャンクションからパッケージ上面までの総合熱抵抗

は半導体チップがダメージを受ける温度になっているかわかりません．

　そこで，半導体チップからパッケージまでの熱抵抗（熱抵抗は1Wあたりの温度差）を知る必要があります．パッケージ温度はケース温度とも呼ばれます．

　スルーホール・タイプのパッケージを持つデバイスでは，ケース（フィン）から周囲の空気に放熱できるので，チップ−ケース間の熱抵抗というパラメータが主に使われています．

● **面実装パッケージの熱抵抗はジャンクション−基板間で定義される**

　面実装タイプのパッケージの熱抵抗は，**図2**に示すようなジャンクション温度とチップ直近（1 mm）の基板上の点の温度を使った熱抵抗 θ_{JB} を規定することが増えています．

　PICLS Lite はこの θ_{JB} を使ってジャンクション温度を計算するので，シミュレーションには θ_{JB} の値が必要です．θ_{JB} の情報は，JEITA による資料も参考になります．

● **同じパッケージでもメーカやデバイスにより温度抵抗が異なる**

　JEDEC 規格の JESD51 で定義された温度パラメータは，既定のパターン形状の基板にデバイスを1つだけ置いた条件で測定します．自分の設計したプリント・パターンを配置したとき，パラメータ値をそのまま適用できるとは限りません．

　パターン形状とサイズに応じた熱抵抗と許容消費電力について，メーカ作成のデータ（グラフ）が得られる場合は，それを活用するとよいでしょう．

　図3は，メーカが出しているパターン面積と熱抵抗グラフの例[3]です．**図4**に，**図3**の放熱パターン形状の一部を示します．　　　　　　　　〈山田　一夫〉

◆参考・引用＊文献◆
(1) https://www.cradle.co.jp/product/picls.html
(2) 半導体技術委員会他：JEITA EDR-7336，電子情報技術産業協会，2010年．
(3)＊ 新日本無線；熱抵抗について，2015年．

（初出：「トランジスタ技術」2018年4月号）

電気・電子
アナログ
ディジタル
製作実習
測定
回路実験
基板・雑音
RF
電源回路
放熱
センサ
高精度A-D

Appendix 1

コスト優先なら自然冷却，サイズ優先なら強制冷却

● 3つの冷却方式

放熱器の冷却方式には「自然空冷」，「強制空冷」，「強制液冷」があります．電子機器やプリント基板の放熱には，一般的に自然空冷か強制空冷がよく使われます．

(1) 自然空冷

自然に発生する対流によって冷却する方式です．冷却のために特別な装置は必要ありません．放熱器の温度が周囲温度に比べて高くなると，放熱器の回りの空気が温められて軽くなり，自然に対流が発生することを利用しています．

(2) 強制空冷

ファンなどを使って強制的に対流を発生させて冷却する方式です．自然空冷と比較すると放熱性能は大幅に上がるので，放熱器を小型化できます．

ただし，ファンの寿命や騒音，外気を取り込むことによるほこりの付着といった問題が発生するので，信頼性が下がることを考慮する必要があります．

(3) 強制液冷

冷却対象の回りに配置した流路内に水や油などを循環させて熱を下げる冷却方式です．強制空冷よりもさらに放熱効果が上がります．大電力装置に適しています．

● 自然空冷か強制空冷かは設計の初期に決める

自然空冷と強制空冷では放熱構造が違ってくるので，装置を設計する初期の段階で，どちらにするか決めておく必要があります．

選択を間違えると，自然空冷で十分放熱が可能な機器なのに強制空冷で設計したためにコストアップになったり，強制空冷でなければ放熱しきれないのに自然空冷で設計してしまうと，装置全体を再設計することになったりします．

● 自然空冷は放熱器の体積で決まる限界がある

自然空冷の放熱性能を判断する基準として「熱抵抗-包絡体積特性」のグラフがよく使われていますが，だいぶ古いデータです．データを検証しつつ，自然空冷の限界について解説します．

▶よく参照されているグラフはかなり古い

図1(a)は，三協サーモテックの前身であるリョーサンの1972年版のカタログに技術資料として掲載されたグラフです．単位系を見直したのが図1(b)で，1984年版のカタログを最後に掲載されなくなりました．

カタログ掲載がなくなった後も，自然空冷放熱器の設計基準として，さまざまな記事や書籍に取り上げられています．カタログ付属の技術資料として掲載された図1は，放熱器の条件などが明記されておらず，グラフだけがひとり歩きしている状況です．

図1は，自然空冷において包絡体積が決まると，形状に関係なく熱抵抗が決まることになりますが，実際はそうではありません．

▶現行汎用品のデータをプロットしてみる

図1と同様に横軸を包絡体積，縦軸を熱抵抗とした場合に，放熱器の性能が一直線に並ぶかどうか，実際に製品化された放熱器のデータで検証してみます．

三協サーモテックのカタログに掲載されているデー

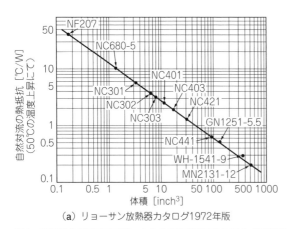

（a）リョーサン放熱器カタログ1972年版

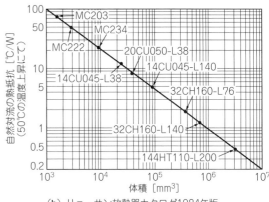

（b）リョーサン放熱器カタログ1984年版

図1 放熱器を自然空冷で使ったときの性能指標としてよく参照されているグラフはあまり正確ではない
熱抵抗と包絡体積の関係を示すが，現在のカタログには掲載されなくなっている

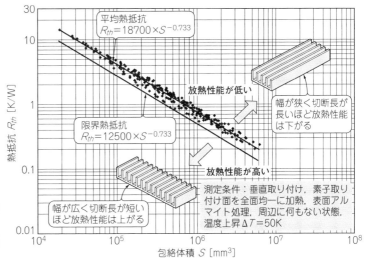

図2 現行製品のデータを元に自然空冷における熱抵抗-包絡体積の関係をプロットしてみた
BSシリーズ（三協サーモテック）の256品種を利用。きれいな直線にはならず形状によりばらつく。自然空冷の限界もみえてくる

タの中から，汎用のくし型放熱器（BSシリーズ）を選び，断面形状64種類×切断長4種類（L50，100，200，300）の計256形状について，包絡体積と熱抵抗の関係をプロットしたのが**図2**です。

▶自然空冷では熱抵抗を下げられる限界がある

2本ある直線のうち，上の直線は256プロットの平均です。下の直線は限界線で，この線より下の領域では自然空冷による冷却は難しいと考えてください。

対数グラフは正確な読み取りが難しいので，近似式も示します。平均を表す近似式が $R_{th} = 18700 \times S^{-0.733}$，限界を表す近似式が $R_{th} = 12500 \times S^{-0.733}$ です。この近似式を使えば，簡単に包絡体積から熱抵抗を求められます。

例えば包絡体積が $10^6\,\mathrm{mm}^3$（1リットル）の場合は，平均熱抵抗は以下のように計算できます。

$$R_{th} = 18700 \times 1000000^{-0.733} = 0.75\,\mathrm{K/W} \cdots\cdots (1)$$

限界熱抵抗は以下のように計算できます。

$$R_{th} = 12500 \times 1000000^{-0.733} = 0.50\,\mathrm{K/W} \cdots\cdots (2)$$

式(2)から，包絡体積 $10^6\,\mathrm{mm}^3$ において 0.50 K/W 未満の熱抵抗が必要な場合は，自然空冷をあきらめて強制空冷を検討しなければなりません。

● **自然空冷における放熱性能**

図1と**図2**の平均熱抵抗を比較すると，同一包絡体積における熱抵抗は小さくなっています。**図1**のグラフを作った当時よりも現在のほうが，放熱器の性能が上がっているからです。

▶幅が広く切断長が短い放熱器ほど性能が良い

図2のプロット点にばらつきがあります。この要因には，放熱器の幅，高さ，切断長，フィン板厚，フィン高さ，フィン・ピッチ，ベース厚の違いなどが挙げられます。特に放熱性能に影響を与えるパラメータとしては，幅と切断長が挙げられます。幅と切断長の関係は，同一包絡体積において，幅が広く切断長が短いほど放熱性能は上がります。逆に，幅が狭く切断長が長いほど放熱性能は下がります。　　〈深川 栄生〉

（初出：「トランジスタ技術」2018年4月号）

Appendix 2

放熱器のカタログ 読み方要点

最適な放熱器を選ぶには，カタログの内容を理解し，使いこなすことが重要です。特にプリント基板用放熱器は適切な種類を選ばないと，固定に苦労したり，放熱性能の悪い取り付け方向になったりします。

放熱器の放熱性能は条件によって変わります。カタログ・データの測定条件よりも厳しい環境で放熱器を使用すると，放熱性能が足りなくなり，放熱器の選び

直しになることがあります。

● **必ずチェックせよ！3大スペック**

図1に自然空冷用，**図2**に強制空冷用の例を示します。一般に，放熱器の形状，放熱特性グラフ，熱抵抗と重量などが記載されています。

グラフは放熱器の性能の指標である熱抵抗を表します。自然空冷と強制空冷では軸の項目が異なります。

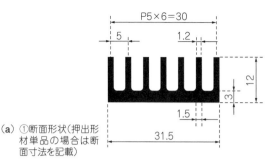

（a）①断面形状（押出形材単品の場合は断面寸法を記載）

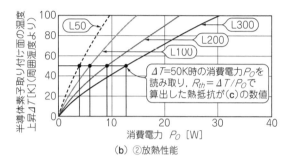

$\Delta T = 50$K時の消費電力P_Oを読み取り，$R_{th} = \Delta T / P_O$で算出した熱抵抗が（c）の数値

（b）②放熱性能

（b）のように熱抵抗はΔTが大きいほど小さいが，$\Delta T = 50$Kでの値を代表値としている

切断寸法［mm］	熱抵抗［K/W］ $\Delta T = 50$ K	重量［g］
L50	14.08	25
L100	8.85	49
L200	5.51	98
L300	4.02	147

（c）③代表切断寸法における熱抵抗と重量

図1　自然空冷用放熱器のカタログ記載例（12BS031：三協サーモテック）

▶自然空冷用放熱器

　図1に示す12BS031（三協サーモテック）を例に，自然空冷用放熱器のカタログ値について説明します．

　自然空冷のグラフは**図1（b）**に示すように，横軸が半導体素子の消費電力P_O［W］，縦軸が半導体素子に取り付けた面の温度上昇ΔT［K］を表します．グラフの傾き$\Delta T / P_O$が熱抵抗R_{th}［K/W］です．

　ΔTとP_Oによって熱抵抗は変化するので，グラフは曲線になります．ΔTが大きいほど傾きが小さくなりR_{th}は小さくなります．ΔTが大きいほど対流が促進されて放熱量が増えるためです．

　図1（c）のように，切断長が50 mmから300 mmまでの間で熱抵抗の代表値が記載されています．熱抵抗は，ΔTが50 Kより低い場合は代表値よりも大きく，ΔTが50 Kより高い場合は代表値よりも小さくなります．

▶強制空冷用放熱器

　図2に示す124CB124（三協サーモテック）を例に，強制空冷用放熱器のカタログ値について説明します．

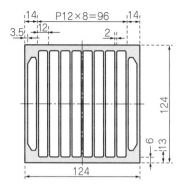

（a）①断面形状（押出形材単品の場合は断面寸法を記載）

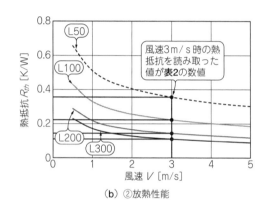

風速3 m/s時の熱抵抗を読み取った値が**表2**の数値

（b）②放熱性能

風速3 m/s時の熱抵抗を読み取った値

切断寸法［mm］	熱抵抗［K/W］ 風速3 m/s	重量［g］
L50	0.356	625
L100	0.223	1249
L200	0.142	2498
L300	0.110	3747

（c）③代表切断寸法における熱抵抗と重量

図2　強制空冷用放熱器のカタログ記載例（124CB124：三協サーモテック）

　強制空冷のグラフは**図2（b）**に示すように横軸が風速V［m/s］，縦軸が熱抵抗R_{th}［K/W］です．

　自然空冷の場合は，温度上昇ΔTにより熱抵抗R_{th}が変化しましたが，強制空冷の場合は強制的に空気を流すので，ΔTによるR_{th}の変化は実用上ありません．そこで，強制空冷のパラメータとして風速Vを横軸とし，R_{th}を縦軸にしたグラフを載せてあります．

　図2（c）に示す熱抵抗には，代表値として風速$V = 3$ m/s時の値を掲載しています．

● **放熱器の測定条件は種類や用途によって変わる**

　自然空冷の場合は，「放熱器の取り付け方向」や「熱源のサイズ」，「温度の測定場所」，「基板の有無」などが測定条件になります．強制空冷の場合は，「風速の

表1 自然空冷用放熱器の放熱性能測定条件
製品シリーズにより条件が異なる

放熱器の種類	基板搭載用 PHシリーズ	基板搭載用 UOT, OSHシリーズ	基板搭載用 NOSV, OSVシリーズ	基板搭載用 FSHシリーズ	汎用 BSシリーズ
熱源	TO220型 トランジスタ	TO220型 トランジスタ	TO220型 トランジスタ	□30 (熱源の基板 側を断熱)	放熱器の ベース幅×切断長と 同サイズ(素子取り付 け面全面均一加熱)
周囲部品 (放熱器,熱源以外)	基板	基板	基板	基板	何もない
取り付け方向					
放熱器	垂直	垂直	垂直	垂直	垂直
基板	水平	水平	垂直	垂直	なし
温度測定点	熱源中央1点	熱源中央1点	熱源中央1点	熱源中央1点	熱源中央1点

表2 強制空冷用放熱器の放熱性能測定条件
自然空冷とは違い,製品シリーズに関係なく共通

項 目	条 件
熱源サイズ	放熱器のベース幅×切断長と同サイズ (素子取り付け面全面均一加熱)
熱源個数	1個
風速	前面(風上)における平均風速
温度測定点	放熱器との接触面熱源中央1点
風洞断面形状	製品幅×製品高さ

測定場所」や「風洞サイズ」などがあります.

▶自然空冷用の測定条件

　表1に,三協サーモテック製品における自然空冷用放熱器の測定条件を示します.製品シリーズによって,熱源のサイズや取り付け方向が異なります.

　プリント基板搭載用は,発熱素子と放熱器を基板に実装した実用に近い状態で測定しています.汎用のBSシリーズは,全面均一加熱で周囲に何もない状態が測定条件です.

▶強制空冷用の測定条件

　表2に,強制空冷における測定条件を示します.強制空冷の場合は,放熱器の種類が違っても基本的に測定条件は同じです.熱源は片面全面均一加熱で,風速は前面(風上)を測定しています.

　最適な放熱器を選ぶには,カタログの内容を理解し,カタログを使いこなすことが重要です.

● **放熱器の各部名称と取り付け方向**

　図3に放熱器の各部名称を示します.放熱器の取り付け方向は,大きく「垂直取り付け」と「水平取り付け」の2つに分類されます.

　垂直取り付けとは,図4(a)に示すように放熱器の

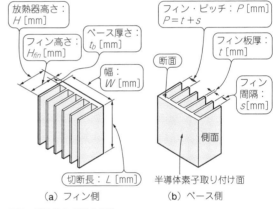

（a）フィン側　　　　（b）ベース側

図3 放熱器の各部の名称

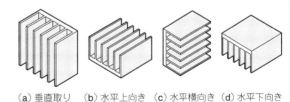

（a）垂直取り　　（b）水平上向き　（c）水平横向き　（d）水平下向き
　　付け　　　　　取り付け　　　　取り付け　　　　取り付け

図4 放熱器の取り付け方向
単に水平取り付けという場合は(b)の水平上向きを指す

断面を上下にした取り付け方です.

　水平取り付けとは,図4(b)～図4(d)に示すように,放熱器の断面を横方向にした取り付け方です.3方向がありますが,単に水平取り付けという場合は,通常図4(b)の水平上向き取り付けを指します.

〈深川 栄生〉

（初出：「トランジスタ技術」2018年4月号）

第11章　センサ応用

直伝！匠の技 ㉓ 力センサ用プリアンプを例に…実践的OPアンプ活用法

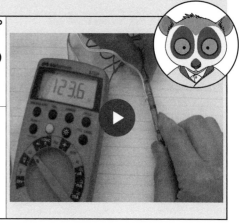

［DVDの見どころ］DVD番号：K-01

- 実演 半導体ひずみゲージは薄いので取り扱い注意
- 実演 ひずみゲージをドライバ・ビットに貼り付ける技
- 実演 ゲージが伸びる方向に曲げて抵抗値が増えたら完成 〈編集部〉

　本稿では，「釘を打つ力」を測定するセンサを自作し，感度や作用時間を調べてみます．次にそのセンサの出力を増幅するアンプを作り，増幅率やゲイン周波数特性が予想どおりの結果になっているかを確認します．

■ 半導体ひずみゲージと日用品を利用した力センサを例に

● センサを自作してみる

　センサには，たくさんの種類があります．温度や気圧，光や音などであれば，市販されているセンサが利用できます．しかし，いつでも目的に合うセンサが入手できるとは限りません．

　例えば，構造物の振動特性を測定するための特殊なハンマとして，高精度の力センサを内蔵した「インパルスハンマー」という測定器具が数十万円で市販されています．これで釘を打つことも不可能ではありませんが，精密機器として慎重に扱う必要があり，金づちとして気楽に使えるものではありません．

　釘を打つ力を測定するセンサは，ひずみゲージと日用品であるドライバ・ビットがあれば10分ほどで作れます．金づちで釘を打つときには，瞬間的に大きな力が作用します．今回は自作したセンサを使って，力の大きさや持続時間を調べてみます．

● 釘を打つ力を測定する方法

　半導体ひずみゲージを利用した，図1のような簡単な構成を考えます．釘の頭に力センサを載せ，その上から金づちでたたきます．ゲージからの信号をAnalog Discoveryで測定し，パソコンに表示します．

　Analog Discoveryは，センサへの電源供給も可能なので，複数の測定器を用意しなくてもよいです．

● 半導体ひずみゲージの働き

　半導体ひずみゲージは，写真1のような小さなフィルム状の素子です．これを図2のように，金属などでできた物体に接着剤で貼り付けて使います．

　物体に力が作用すると，貼り付けられたひずみゲージも一緒にひずみます．センサ部分の半導体素子は，ひずみによって抵抗値が大きく変化する性質があります．この抵抗値の変化を見ることで，物体のひずみを測定できます．

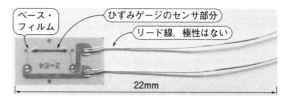

写真1　半導体ひずみゲージKSP-2-120-E4（共和電業）

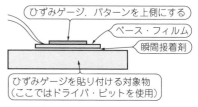

図2　ひずみゲージは瞬間接着剤などで固定する
数年から数十年の長期間使用する場合は，専用の接着剤を使用．対象物の表面はきれいにしておく

図1　自作センサを介して釘を打つ力を測定する
電源はノート・パソコンから供給するので屋外でも測定できる

写真2 ドライバ・ビットを利用した自作の力センサ
ひずみゲージは接着するので，再利用できない

ひずみの大きさは，変形量を元の大きさで割って表します．物理量としての表記はありませんが，1/100万のひずみを単位として μST（マイクロストレイン）で表します（μひずみ，$\mu\varepsilon$ひずみとも表す）．1mの金属棒が1mm伸びたとすると，ひずみは1mm/1000mm = 0.001 = 1000/1000000，すなわち1000 μ STです．

● **力センサを製作して，釘を打つ力を測定**

金づちでたたいても大丈夫なこと，ひずみゲージを接着する平面があることを考えて工具箱をのぞくと，電動ドライバ用のビットが見つかりました．これにひずみゲージを接着して，**写真2**に示すセンサを10分で作りました．精度は期待できませんが，「釘を打つ力はどれくらいだろう」という好奇心は満たせます．

金属棒の寸法精度，表面仕上げ，ゲージの接着方法を改善し，ゲージを2枚使って金属棒の伸縮を正確に測定すると，測定精度を向上させることができます．

▶**動作確認**

測定した結果を**図3**に示します．直径1.7 mm，長さ25 mmの鉄釘を，厚さ15 mmの床材（カバ材）に打ち付けました．金づちで釘を打つと，最大25 mVのパルスが観測されました．1波長の正弦波と，その減衰振動のような波形です．先頭のパルス幅は100 μs程度と，想像していたよりも短い時間でした．

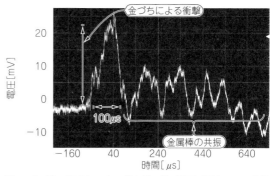

図3 金づちで釘を打つとひずみゲージの電圧が最大25 mV変化する
先頭の力の作用時間は100 μs程度である

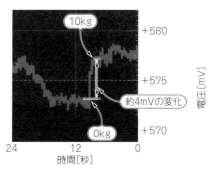

図4 10 kgの力をかけたら4 mV変化した（Analog Discoveryのログ機能を使用）
製作したセンサの感度は約2.5 kg/mVである

▶**センサの感度から打つ力を知る**

力の大きさを知るには，電圧と力の関係を知る必要があります．そこで，センサをはかりに乗せ，上から10 kgの荷重をかけました．Analog Discoveryをログ・モードにして，力をかける前とかけた後のDC電圧の変化を記録した結果が**図4**です．ログ・モードは，チャート式レコーダのように，DCレベルの変化を記録できます．

記録波形には，ノイズがのっていますが，10 kgで約4 mVの電圧変化がありました．製作したセンサの感度は，約2.5 kg/mVになります．

センサの構造や校正方法から，測定精度は期待できませんが，釘を打つ力は，25 mV × 2.5 = 約60 kg，力の作用時間は50 μ ～ 100 μs程度でした．

■ 力センサ用プリアンプ作り

● 電源±5 Vで動作するOPアンプを選択

製作した力センサをマイコンなどに応用するには，一般的に1 V以上の信号電圧が必要です．そこで，簡単なアンプを製作しました．OPアンプを使った基本的な非反転アンプです．

釘を打つときの力の作用時間は50 μ ～ 100 μs程度でした．この信号を十分に増幅できる速度のOPアンプが必要です．25 mVを2.5 Vまで増幅するには，100倍の増幅率が必要で，オフセット電圧が十分低いことが求められます．さらにAnalog Discoveryから供給される±5 Vで動作することを考慮した上で，入手性の良いOP184（アナログ・デバイセズ）を使いました．

表1　±電源で動作し入手性の良いOP184の特徴
Analog Discovery 2からOPアンプに±5 V電源を供給することも考慮した

項　目	特　性
入出力特性	レール・ツー・レール
周波数特性	4 MHz
スルー・レート	4 V/μs
電源電圧	＋3 ～ ＋36 V（または；±1.5 ～ ±18 V）
電源電流	1.5 mA
オフセット電圧	65 μV
バイアス電流	60 n ～ 350 nA（入力電圧に依存）

OP184は1回路入りですが，2回路入りのOP284でも使えます．OP184の特徴を表1に示します．

● 非反転アンプの回路構成

▶増幅率は101倍

回路図を図5に示します．計算上の増幅率は101倍なので，20 mV程度のセンサ出力を2 V程度まで増幅できます．

増幅率を決める抵抗R_s，R_fに使った安価なカーボン抵抗には誤差が数%あります．増幅率も計算どおりにはなりません．

センサ回路で重要なのは，精度よりも再現性や温度ドリフトです．仮に増幅率が99倍であっても，温度や電圧などの影響を受けなければ，ソフトウェアで補正できます．

マイコンを使った測定回路では，ソフトウェアによる補正が一般的です．マイコンを使用するなら，図5のR_sやR_fに半固定抵抗を使って101倍に合わせ込むよりも，ソフトで補正するほうが信頼性の高い測定ができます．

▶入力のローパス・フィルタ

半導体ひずみゲージの抵抗値は温度によって変化します．DCのまま増幅すると，温度ドリフトも100倍になって出力に現れます．この現象を防ぐために，C_i，R_iによるハイパス・フィルタでDC成分をカットします．R_iを大きくすると，より低い周波数まで測定できますが，入力バイアス電流の影響で無信号時の出力が0 Vになりません．

R_iと同じ値の抵抗R_bを反転入力側に入れることで，この現象を回避できます．

▶OPアンプのバイパス・コンデンサ

OPアンプの電源端子の近くに0.1 μFのバイパス・コンデンサを置きます．バイパス・コンデンサは，電源にのるノイズを防止します．高速OPアンプでは，アンプ

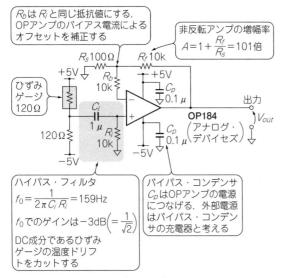

図5　製作した力センサ用プリアンプ

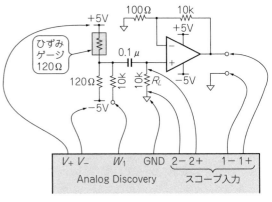

図6　Analog Discoveryの接続
波形発生器W_1を10 kΩを介してアンプ入力に接続する．W_1の入力に対する出力を測定してf特を求める．ひずみゲージに42 mA流れる．V_Aは50 mAまでなので，余裕はあまりない

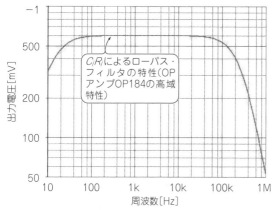

CRによるローパス・フィルタの特性（OPアンプOP184の高域特性）

（a）シミュレーション結果

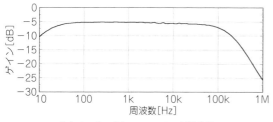

（b）Analog Discovery での実測結果

図7　力センサ用アンプのゲイン周波数特性
実測とシミュレーションは一致している

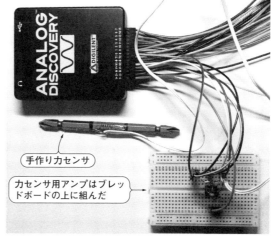

写真3　力センサ用アンプを Analog Discovery と接続
Analog Discovery から±5 V を供給する

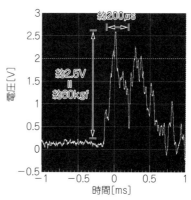

図8　釘を打ったときのアンプの出力振幅は約2.5 Vであるので計算どおりの結果が得られている
約60 kgの力が200 μs程度の短い時間作用している

の発振を防止するために付けます．「OPアンプの電源はバイパス・コンデンサである．外部電源はバイパス・コンデンサの充電器である」という名言のとおりです．

電源のない回路は働かないので，バイパス・コンデンサは無条件に設置しましょう．高周波特性の良い積層セラミック・コンデンサが適しています．

● アンプの評価

写真3に示すように，Analog Discoveryでアンプのゲイン周波数特性と出力波形を検証します．アンプの消費電流は1.5 mAなので，ひずみゲージの消費電流42 mAと合わせても，Analog Discovery が供給できる±5 V，50 mAに対して若干余裕があります．

アンプとAnalog Discoveryとの接続は**図6**のとおりです．信号波形の測定の他に，周波数特性の測定のために波形出力 W_1 を 10 kΩを介して増幅回路の入力に接続しています．

▶シミュレーションと実測でアンプのゲイン周波数特性を比較する

力センサ用アンプのゲイン周波数特性を回路シミュレーションと実測で調べました．**図7(a)**がシミュレーション結果です．シミュレーション・ソフトウェアは無償で使えるADIsimPE（アナログ・デバイセズ）を

使いました．OP184をはじめ，同社のOPアンプの他に一般的なOPアンプのモデルがライブラリに入っているので，実際に近い動作を手軽にシミュレーションできます．**図7(b)**は，Analog Discoveryによる実測結果です．

両者を見比べると，一致していることがわかります．MHz以下の低周波信号のときは，寄生容量などを考慮しなくても，十分な精度でシミュレーションできます．

▶アンプの出力信号を測定する

釘を打ったときのアンプ出力を**図8**に示します．ほぼ計算どおり2.5 V程度の出力が得られました．

これでA-Dコンバータに対して電圧は十分ですが，最低でも1 Msps（サンプル/秒）程度の変換速度が必要です．力の最大値だけを測定するだけなら，ピーク・ホールド回路を追加してください．　〈松本　良夫〉

（初出：「トランジスタ技術」2018年4月号）

電気・電子
アナログ
ディジタル
製作実習
測定
回路実験
基板・雑音
RF
電源回路
放熱
センサ
高精度A-D

直伝！匠の技 ㉔ 心電／筋電／脳波… 生体計測用アナログICのいろいろ

[DVDの見どころ] DVD番号：K-02

- 講義 脈波センサICとmbed基板の準備
- 講義 Windowsアプリケーションとmbedプログラムの入手
- 実演 脈波計測の出力結果 〈編集部〉

本稿では，ウェアラブル・デバイスで利用される生体信号と，各社専用デバイスの一例を紹介します．

付録DVD-ROMには，光学式脈波センサ・モジュールBH1792GLC-EVK-001（ローム）とmbed基板TG-LPC11U35-501（CQ出版社）による脈波計測のデモを動画（DVD番号：K-02）に収録しています．光学式脈波センサは，多くのリストバンド型デバイスに内蔵されています．生体センシングの第一歩としてお勧めです．

● 生体信号のいろいろ

ウェアラブル・デバイスなどで計測される生体信号には，表1に示す種類があります．略号は，データシート上の表記や項目名として使われています．

多くの項目が並んでいますが，計測方法別に見ると，電位を計測する心電図，脳波などの項目と，光学式による脈波，SpO_2など，その他，呼吸（インピーダンス式，ひずみゲージ式，心拍変動からの推定など），体温（温度計で計測）があります．

表1 ウェアラブル・デバイスで利用される生体信号
計測方法では，電位計測（心電図等），光学式（脈波等），呼吸，体温に分類できる

生体信号	英語表記	略 号	概 要	主な計測／算出方法	ウェアラブル応用例
心電図	Electro-cardiogram	ECG/EKG	心筋の収縮に伴う電気的活動を記録したもの	四肢誘導や12誘導など，規定の電極間の電位差を記録	不整脈検知
心拍数	Heart rate	HR	1分当たりの心臓の拍動回数．単位は［bpm（beat per minute）］	RRI（R波の間隔）を計測し，複数回の平均値の逆数を取る	運動負荷，LF/HFなどによる自律神経機能
脈波	Plethysmogram	PULSE/PLETH	動脈の脈動を記録したもの．主に血管の容積変化で計測される	脈波に伴う動脈の容積変化を光の透過量で計測（光学式）	加速度脈波による血管年齢推定
脈拍数	Pulse rate	PR(HR)	1分当たりの脈動回数．単位は［bpm］．健常人は心拍数に等しい	脈波の周期を計測し，複数回の平均値の逆数を取る	心拍数に同じ
経皮的動脈血酸素飽和度	Peripheral oxygen saturation	SpO_2	血中の酸素濃度．酸化ヘモグロビンの割合を表す．単位は［%］	赤色光と近赤外光を照射して2波長の透過量の差から算出	高地での酸欠予防
脳波	Electro-encephalogram	EEG	主に大脳皮質の神経細胞の電気的活動を記録したもの	簡易には前額部と耳たぶ間などの電位を計測	睡眠深度，集中度等の推定，BMI
眼電図	Electro-occurogram	EOG	眼球の動きに伴う角膜網膜電位の変化を記録したもの	眼の周囲に装着した電極間の電位を計測	視線移動検知
筋電図	Electro-myogram	EMG	骨格筋の収縮に伴う電気的活動を記録したもの	筋腹中央に3〜4cm間隔で装着した電極間の電位差を記録	ジェスチャ入力，リハビリ／介護支援
呼吸	Respiration	RESP	呼吸に伴う気流または肺の動きを記録したもの	胸部のインピーダンスやひずみゲージで胴囲の変動を記録	睡眠時無呼吸症候群（SAS）の検知
呼吸数	Respiration rate	RR	1分当たりの呼吸回数．単位は［/min］などが使われる	呼吸波形の周期を計測し，複数回の平均値の逆数を取る	自律神経機能の把握
体温	Temperature	TEMP	体表面の温度を記録したもの（皮膚温）	温度計あるいは赤外線サーモグラフィで計測	発熱，サーカディアン（概日）リズムの把握

電気・電子
アナログ
ディジタル
製作実習
測定
回路実験
基板・雑音
RF
電源回路
放熱
センサ
高精度A-D

表2 生体電位計測用アナログ・フロントエンドICの例
電極はずれ検出やインピーダンス式呼吸計測など生体計測に便利な機能などがワンチップに収まっている

型　名	メーカ名	用途	チャネル数	A-Dコンバータ[ビット]	最大サンプリング・レート [sps]	ノイズ [μV_{P-P}(1)]	電力 [W]	機　能(2)
ADS1191	テキサス・インスツルメンツ	ECG	1	16	8 k	24.6	335 μ	RLD, Lead-off, SPI
ADS1292R	テキサス・インスツルメンツ	ECG/Resp	2	24	8 k	8	700 μ	RLD, WCT, Lead-off, Pace, Daisy chain, SPI
ADS1298R	テキサス・インスツルメンツ	ECG/Resp	8	24	32 k	4	6 m	RLD, WCT, Lead-off, Pace, Daisy chain, SPI
ADS1299	テキサス・インスツルメンツ	EEG	8	24	16 k	1	41 m	Bias drive, Lead-off, Daisy chain, SPI
ADAS1000	アナログ・デバイセズ	ECG/Resp	5	16/24	128 k/2 k	10	21 m	RLD, WCT, Lead-off, Pace, SPI
MAX30003	マキシム・インテグレーテッド	ECG/HR	1	18	512	5.4	85 μ	Lead-off, HR(心拍数)算出, SPI
MAX30004	マキシム・インテグレーテッド	HR only	1	18	512	5.4	85 μ	Lead-off, HR(心拍数)算出, SPI
HM301D	STマイクロエレクトロニクス	ECG/Resp	3	16	125 k	4.2	1 m	RLD, WCT, Lead-off, Pace, Daisy chain, SPI
BMD101	ニューロスカイ	ECG	1	16	512		2.64 m	HR, RRI, LF/HF算出, RR推定他, UART
BMD200	ニューロスカイ	EEG/ECG	1	16	4.8 k		2.64 m	RLD(optional), HR, RRI算出, SPI, I2C, UART

1)ノイズ：ADS1299：0.01-70 Hz，その他：0.05-150 Hz，2)略号はColumn 2参照

表3 光学式生体計測用アナログ・フロントエンドIC/センサICの例
ロームのAFEにはLEDを，テキサス・インスツルメンツのAFEにはLED，フォトダイオード一体型のセンサICを接続して使用する

型　名	メーカ名	用　途	特　徴
BH1790GLC	ローム	脈波	LEDドライバ×2, フォトダイオード×1, ADC×1, 赤外光除去/Greenフィルタ, I2C
BH1792GLC	ローム	脈波/SpO2	LEDドライバ×2, フォトダイオード×2, ADC×2, 1024 SPS, 赤外光除去/Greenフィルタ, I2C
AFE4490	テキサス・インスツルメンツ	脈波/SpO2	LEDドライバ×2, 22ビットADC(forフォトダイオード×1/5 kSPS), Serial SPI
AFE4900	テキサス・インスツルメンツ	脈波/SpO2/ECG	LEDドライバ×4, 24ビットADC(forフォトダイオード×3/1 kSPS, ECG×1/4 kSPS), SPI/I2C
ADPD142RI	アナログ・デバイセズ	脈波/SpO2	LED×2(赤, 近赤外), フォトダイオード×1, 14ビットADC, I2C
MAX30102	マキシム・インテグレーテッド	脈波/SpO2	LED×2(660(赤)/880(近赤外)nm), フォトダイオード×1, 18ビットADC, I2C
DCM03	APMKorea	SpO2	LED×2(660(赤)/905(近赤外)nm), フォトダイオード×1(センサIC)
NJL5510R	新日本無線	SpO2	LED×2(660(赤)/940(近赤外)nm), フォトダイオード×1(センサIC)
NJL5513R	新日本無線	脈波/SpO2	LED×4(525(緑)×2/660(赤)/940(近赤外)nm), フォトダイオード×1(センサIC)

　生体センシングとしては，加速度センサやジャイロ・センサなどを用いた活動量や姿勢の計測があります．血圧，血糖値，超音波画像などの開発も進められており，今後の登場が期待されます．

● **各社の生体計測用デバイスのラインナップ**

　生体電位計測用のデバイスを表2に，光学式生体計測デバイスを表3に示します．

　表2で紹介しているデバイスは，A-Dコンバータを内蔵し，外部とはSPIなどのディジタル・インターフェースで通信するタイプです．

　生体電位計測用では，電極はずれ検出や呼吸計測，心電図向けの多彩な機能などがワンチップに収められています．光学式生体計測用では，複雑な発光，受光のタイミング制御機能などが搭載され大変便利です．

　これらのデバイスを用いると，簡単に，省スペース，低消費電力のデバイスを設計できます．ただし，十分使いこなすためには，機能の目的や仕組みを理解する必要があります(Column 2参照)．

● **光学式脈波センサIC「BH1792GLC」のデモ**

　脈波を計測するデモを動画として作成しました(写真1，写真2，図1)．

　ローム社からは，Arduinoのサンプル・プログラムが動画と共に公開されています．本稿では，トランジスタ技術誌2014年10月号掲載の脈波センサのプログラムをベースに，ローム社の新製品BH1792GLCで計測できるように移植しました．I2Cインターフェース

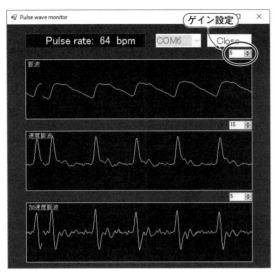

図1 BH1792GLC-EVK-001で脈波が正しく計測できている(上から，脈波，速度脈波，加速度脈波)

で簡単に，脈波を計測することができます．

〈辰岡 鉄郎〉

(初出：「トランジスタ技術」2018年4月号)

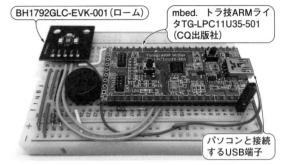

写真1 脳波センサ評価モジュールBH1792GLC-EVK-001をmbed基板に接続し，脈波およびSpO2を計測するデモ回路

写真2 BH1792GLC-EVK-001のLED電源はソケットなのでリード線でつなぐ

生体計測エレクトロニクスのキーワード　　　　Column 2

表2では，略号で生体計測固有の機能を記載しました．下記と併せて参照してください．

▶Resp(Respiration：呼吸)

インピーダンス法による呼吸計測機能です．心電図の電極に数十kHzのキャリアを印加して計測します．

▶RLD(Right Leg Drive：右足駆動アンプ)/ Bias drive

生体計測では，＋，－，E(アース)の3電極を装着して計測します．E電極は回路が両電源ならAGND，単電源なら中間電位を使用します．RLDは，心電図記録の際，正負電極の平均電位を右足にフィードバックする回路で，E電極の代わりに装着することで，同相ノイズを低減する効果があります．

▶WCT(Wilson Central Terminal：ウィルソン中心電極)

心電図で，四肢誘導の右手，左手，左足の平均電位(近似的な電気的ゼロ点に相当)をWCTと呼びます．胸部誘導の基準電位として使用されます．

▶Lead - off(電極はずれ検出)

直流または交流電流を入力ラインに印加して，電極が生体から外れていないかを確認する機能です．直訳で「リード線はずれ」となっているのは，電極に必ずリード線が付いていたころの名残です．

▶Pace(Pace detection：ペース・メーカ検出)

心臓ペース・メーカを埋め込んでいる被験者の場合，ペーシング・パルスにより波形がひずみ，心電図を計測できないので，パルスを検知する機能です．検出時，フィルタを瞬間的にOFFにすることで除去します．

▶Daisy chain

複数のチップをデイジー・チェーン接続する機能です．多チャネルで同期して計測できます．

この他，PGA(プログラマブル・ゲイン・アンプ)や，生体信号の代わりにテスト信号を入力する機能など，便利な機能が多くのICで搭載されています．特徴的な例として，ニューロスカイ社のフィットネス・レベル，リラクゼーション・レベルといった指標を算出する機能が備わっているチップもあります．

〈辰岡 鉄郎〉

直伝！匠の技 65

高感度センサを雑音から守る！その① アルミはくアイソレーション

[DVDの見どころ] DVD番号：K-03

- **実験** 0V接続の静電シールドで電圧ノイズ減少
- **実験** 0V接続なしの静電シールドはノイズ変化なし
- **実験** 磁界シールドは0V接続なしでもノイズ減少
- **実験** 0V接続の磁界シールドはノイズがほぼ消滅

〈編集部〉

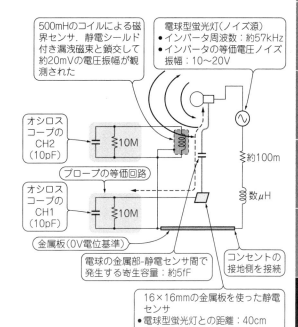

0Vに接続したアルミ箔をノイズ源と静電センサの間に差し入れると
くー電圧ノイズが減少します。

本稿では，電球型蛍光灯（ノイズ源）と静電センサ/磁界センサの間に日用品のアルミはく，ステンレス板を入れて，ノイズ・シールドの効果を調べてみます．

ノイズ対策を実施するときは，ノイズのエネルギ源がどこにあり，どこの経路から伝わってきているのか，回路をどのように変更すればよいのかを考えることが大切です．

● 実験の準備

写真1は，電球型蛍光灯のインバータからの磁界と電界を簡易センサで検出する測定セットアップです．インバータをノイズ源にしています．

電球の近くには，静電シールドした500mHのコイルによる磁界センサがあります．電球から約40cm離れたところには，16mm×16mmの金属板を使った静電センサがあります．センサの出力は10MΩで，容量が約10pFのプローブに接続しています．

オシロスコープの上の波形が静電センサの出力，下が磁界センサの出力です．電球が点灯しているときのセンサが検出する電圧振幅は，共に約20mVです．

写真2に各センサの外観を示します．

▶ 等価回路とシミュレーション結果

図1に電球型蛍光灯のインバータ（ノイズ源）とセンサとオシロスコープのプローブの等価回路を示します．

静電センサは16mm×16mmの面積で，電球と約0.4m離れています．インバータ側のソケット金属の等価面積も同程度とすると，双方の金属間の静電容量は概算で約5fFになります．インバータのノイズの

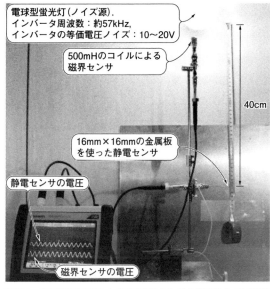

電球型蛍光灯（ノイズ源）．
インバータ周波数：約57kHz，
インバータの等価電圧ノイズ：10～20V

500mHのコイルによる磁界センサ

40cm

16mm×16mmの金属板を使った静電センサ

静電センサの電圧

磁界センサの電圧

写真1 電球型蛍光灯のノイズを磁界センサと静電センサで検出するためのセットアップ

500mHのコイルによる磁界センサ．静電シールド付き漏洩磁束と鎖交して約20mVの電圧振幅が観測された

電球型蛍光灯（ノイズ源）
- インバータ周波数：約57kHz
- インバータの等価電圧ノイズ振幅：10～20V

オシロスコープのCH2（10pF）

10M

プローブの等価回路

オシロスコープのCH1（10pF）

10M

約100m

数μH

金属板（0V電位基準）

電球の金属部-静電センサ間で発生する寄生容量：約5fF

コンセントの接地側を接続

16×16mmの金属板を使った静電センサ
- 電球型蛍光灯との距離：40cm
- 金属板の面積：16×16mm
- 金属間の静電容量：概算で約10fF（電球側の金属の面積を4倍にしたとき）

40cmの距離で金属間の静電容量が約10fFで57kHz

図1 ノイズ源と測定器の等価回路
測定セットは交流電源のGND端子に接続した金属板の上に置いてあり，金属板を0V基準として考える

周波数は57 kHzで，ノイズ源となる電球の等価電圧振幅は10 V〜20 V程度です．

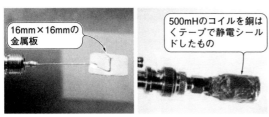

(a) 静電センサ　　　　　(b) 磁界センサ

写真2　静電センサと磁界センサは10：1プローブのBNCインターフェースで接続

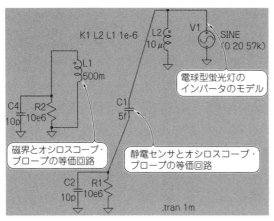

図2　LTspiceによる等価回路
40 cmの距離の金属板と電球型蛍光灯のソケット部分の容量結合は5 fF. 約5 cmの距離にある磁界センサのインダクタンスとの結合定数は10^{-6}

図2，図3にLTspiceによる等価回路とシミュレーション結果を示します．

● **ノイズ源と静電センサの間にアルミはくを入れてシールド効果を見てみる**

▶①0 V基準に接続したアルミはくを入れたとき

静電シールドは，ノイズ源と回路の間で形成された寄生容量の間に金属板をはさんで容量を分割することで，寄生容量に流れていた電流を分流しています．

図4と写真3は，ノイズ源とセンサの間に0 V基準に接続したアルミはくを挿し込んだところです．回路と電球の間の空間に流れていた約20 nAの交流電流が

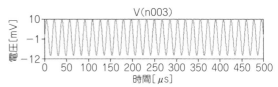

(a) 磁界センサとオシロスコープ・プローブの等価回路シミュレーション

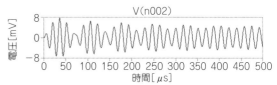

(b) 静電センサとオシロスコープ・プローブの等価回路シミュレーション

図3　LTspiceのシミュレーション波形が実際の測定に近くなるように，等価回路の回路定数を変更する

(a) 0 Vに接続したアルミはくをノイズ源と静電センサの間に差し入れる

(b) 静電センサの電圧振幅が減少する（上）

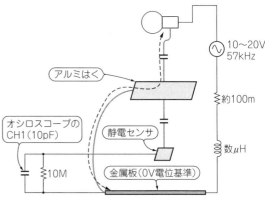

図4　0 V電位に接続したアルミはくを静電センサの上にかざしたときの等価回路

写真3　0 Vに接続したアルミはくは静電シールド効果がある

電気・電子
アナログ
ディジタル
製作実習
測定
回路実験
基板・雑音
RF
電源回路
放熱
センサ
高精度A-D

遮断され，アルミはく経由で0V基準に流れるようになります．

▶②フローティング状態のアルミはくを入れたとき

図5と写真4は0Vに接続していないアルミはくを差し入れたところです．この場合はアルミはくがフローティングしているため，図5のような直列容量の等価回路となりシールド効果はありません．

● ノイズ源と磁界センサの間にアルミはく／ステンレス板を入れてシールド効果を見てみる

▶①フローティング状態のアルミはくを入れたとき

磁界のシールドは，①透磁率の高い物質を使って磁力線をバイパスする方法，②金属中に発生する渦電流を利用して磁力線を打ち消すようにノイズが届かなくする方法があります．

図6と写真5，写真6は渦電流を利用した磁界のシールド実験です．

写真5はアルミはくを電球と磁界センサの間に挿し込んで，信号レベルが約半分になっています．渦電流による磁界のシールドは静電シールドと違って，アルミはくを0Vに接続していなくても効果があります．

▶②ステンレス板を入れたとき

写真6は厚さ1mmのステンレス（SUS400系）を電球とセンサの間に差し入れたところです．アルミはくに比べてステンレス板が厚いため，遮へい効果が高いです．

ステンレス板を手で持っていて，体がゼロ・ボルト基準に電気的につながっているため，静電シールドの効果もあり，双方の信号が減少しています．

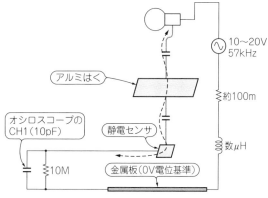

図5 フローティングのアルミはくを間にはさんだときの等価回路
0Vに接続していないアルミはくでは直列容量になり，シールド効果がない

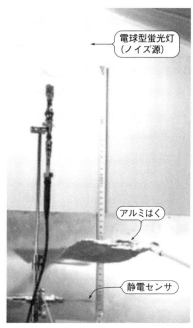

（a）0Vに接続していないアルミはくをノイズ源と静電センサの間に差し入れる

（b）静電センサの電圧振幅は変化しない（上）

写真4 フローティングのアルミはくは静電シールド効果がない

写真5 磁界シールドは渦電流でシールドするため，0Vに接続していなくても効果がある（アルミはくが薄いのでシールドが弱い）

（a）0Vに接続していないアルミはくをノイズ源と磁界センサの間に差し入れる

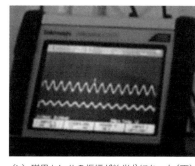

（b）磁界センサの振幅が約半分になった（下）

● **ノイズのエネルギ源の場所と伝わる経路を把握することが大事**

　ノイズのエネルギは，電圧／電界または電流／磁界の形で伝わります．ノイズの影響を回路に与えないためには，ノイズのエネルギ源はどこか，どこを伝わってくるかを把握します．ノイズが通ったら困るところを迂回させるようにします．　　　　〈鮫島 正裕〉

（初出：「トランジスタ技術」2018年4月号）

図6　誘導磁界シールドの等価回路
誘導磁界シールドは渦電流による逆起電力でシールドするので，0V電位に接続する／しないの違いがない．磁界シールドに使う金属の透磁率と厚さでシールド効果が決まる

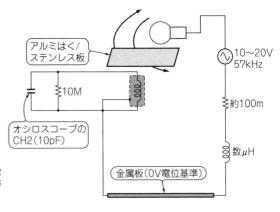

写真6
厚さ1mmのステンレス(SUS400系)を使った磁界シールドの実験

（a）ステンレス板0V基準の人間が手で持っている

（b）磁界センサと静電センサの出力が減少する

直伝！匠の技 ㊻ 高感度センサを雑音から守る！その② 銅はくシールディング

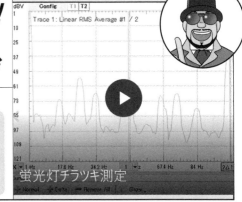

[DVDの見どころ]　DVD番号：K-04

- **講義** 回路のハイ・インピーダンス部分と商用電源間の浮遊容量によるハム・ノイズ混入の原理
- **実演** ハイ・インピーダンス部分のシールド対策
- **実演** フォトセンサICで蛍光灯のちらつき成分測定
〈編集部〉

蛍光灯チラツキ測定

● **ハム・ノイズ低減の原理**

　図1に示すように，信号源抵抗が高いセンサを使用するとき，信号増幅回路の一部分がハイ・インピーダンスになることがあります．このようなときは，その部分と商用電源との浮遊容量の影響によって，回路にハム・ノイズが混入しやすくなります．

　蛍光灯のちらつき測定のように，測定したい信号の周波数とハム・ノイズ周波数が重なっているとき，測定信号波形からフィルタでハム・ノイズのみを取り除くことはできません．ハム・ノイズが混入しないように電磁シールドを施します．

　図1のハイ・インピーダンス部分を小さく作ると，

ハム・ノイズが低減します．

　さらに，ハイ・インピーダンス部分を金属で全面シールドし，シールドをグラウンドに接続すると，浮遊容量の変化に関係なく，安定してハム・ノイズの混入を抑制できます．ただし，ハイ・インピーダンス部分とシールドの間に新たな浮遊容量ができるので，高速信号を扱うときには特性を確認する必要があります．

● **対策事例：フォトダイオードによる蛍光灯のちらつき計測**

　フォトダイオードを使って，蛍光灯のちらつき（フリッカ）を測定する光量計の回路を図2に示します．

　光量に比例して，フォトダイオードに流れる電流が

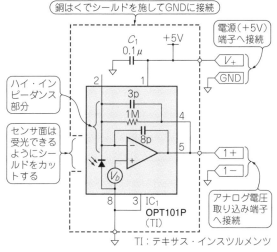

（a）ハム・ノイズが
混入する回路例

（b）シールドによりハム・ノイズ
を低減できる

図1 回路にハイ・インピーダンス部分があると，商用電源との間の浮遊容量によってハム・ノイズが混入する
ハイ・インピーダンス部分にハム・ノイズが混入する原理と対策

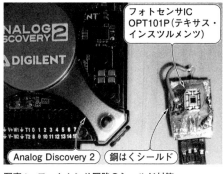

写真1 フォトセンサ回路のシールド対策
センサ内部にハイ・インピーダンス部分があり，シールドを施さないとハム・ノイズが混入する

図2 フォトセンサOPT101による光量測定回路
センサ内部のフォトダイオードとトランスインピーダンス・アンプの接続部分がハイ・インピーダンス

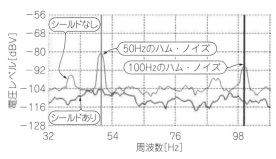

図3 入力光がないときのフォトセンサ回路の出力スペクトル
全面シールドを行うことで，ハム・ノイズの混入を抑制できる

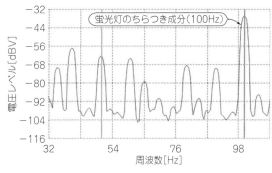

図4 蛍光灯のちらつき成分スペクトル
蛍光灯のちらつき周波数とハム・ノイズの周波数成分は同じなので，ハム・ノイズがあると誤差になる

μA程度と微小なため，電流を電圧に変換するトランスインピーダンス・アンプを使用します．

フォトダイオードのアンプ接続部分は，非常に高いインピーダンスになります．商用電源ラインとの間の浮遊容量によってハム・ノイズが混入します．

蛍光灯のちらつき成分は，商用電源周波数と同じ周波数成分だと推測できます．シールドを施して事前にハム・ノイズの混入を抑制しないと，測定誤差が発生してしまいます．

▶フォトセンサOPT101のハム・ノイズ対策

使用するフォトセンサOPT101（テキサス・インスツルメンツ）は，フォトダイオードとトランスインピーダンス・アンプが一体化されています．ハイ・インピーダンス部分が小さく，ハム・ノイズが重畳しにくい構造です．しかし，シールドを施さないと，ハム・ノイズが蛍光灯のちらつき測定に影響を与えます．

ハム・ノイズの混入を抑制するため，銅はくでフォトセンサIC全体をシールドします（**写真1**）．

シールドを施さないときと，施したときのハム・ノイズの比較を**図3**に示します．

蛍光灯のちらつき成分を計測したスペクトルを**図4**に示します．商用電源の高調波（100 Hz）によるちらつき成分が大きいことが確認できます．ハム・ノイズをシールドにより取り除かないと，測定誤差となってしまいます． 〈田口 海詩〉

◆参考資料◆
(1) 田口 海詩；電子回路測定初めの1歩「インピーダンス」，トランジスタ技術，2018年2月号，pp.39〜40，CQ出版社．

（初出：「トランジスタ技術」2018年4月号）

電気・電子 アナログ ディジタル 製作実習 測定 回路実験 基板・雑音 RF 電源回路 放熱 センサ 高精度A-D

第12章　24ビットA-D変換回路の誤差 / ノイズ対策

● 24ビット計測を成功させるにはノイズや誤差源の対策を徹底する

電圧/温度/明るさ/圧力/流量/脳波などの，センサからのμV/μAオーダの微小信号を正確に処理するには，高精度にアナログ量を検出する必要があります．

このような高精度センシング計測では，12ビット以下のA-Dコンバータでは問題にならなかった外来ノイズの影響やバッファ・アンプの非直線性誤差が，下位ビットの暴れや誤差として見えてくることが多々あります．

精度が出ない要因の約70％がA-Dコンバータの周辺回路や部品です．A-Dコンバータの精度を100％活用するには，周辺回路の実力もA-Dコンバータの精度に見合うものか，それ以上にします．

センサとマイコン/FPGAなどのディジタル信号処理ICを結ぶアナログ回路のことを，アナログ・フロントエンドと呼びます．本回路は，図1に示すようにアンプやフィルタ，A-Dコンバータなどで構成されています．

本章では，高精度A-Dコンバータ回路の性能を引き出す回路設計のポイントを，実験やシミュレーションを交えながら解説します．本テクニックは，図2の①～④に示すような用途に適用できます．

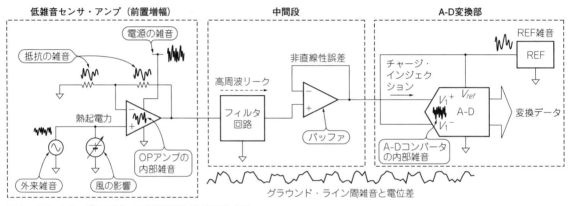

図1　μV/μAオーダの24ビット計測回路作りは雑音との戦い
12ビット以下のA-Dコンバータでは問題にならない外来ノイズやバッファ・アンプの非直線性誤差が，24ビット計測回路では問題になる．本章では高精度A-D変換回路を阻害する雑音や誤差を低減するためのノウハウを解説する

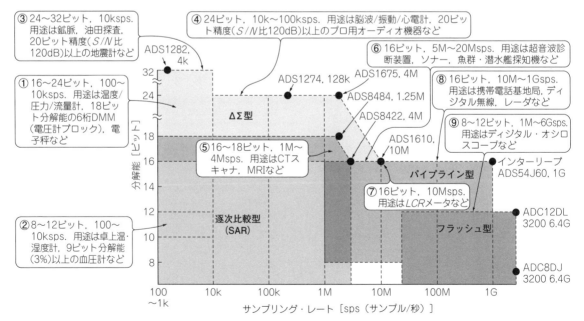

図2　代表的なA-D変換方式の分解能と変換速度
本章は①～④の用途のA-D変換回路設計に活用できる

直伝！匠の技 ㊿ 端末処理やエアコンの風にも要注意！シールドを徹底する

[DVDの見どころ] DVD番号：L-01～06

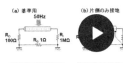

- 実験 シールド線の端末処理を誤るとシールド効果がない
- 講義 風の影響による熱起電力の電位の揺らぎ
- 実験 熱電対をケースに入れるか出すかの違いでA-D変換データの乱れの差を評価

〈編集部〉

シールド線の用法：端末処理とシールド

1芯シールド線の端末処理と効果の違い

(a) 基準用　50Hz　R_o 100Ω　R_G 1Ω　R_i 1MΩ
(b) 片側のみ接地
(c) 両方接地

740mV　740mV　34.2mV

■ [要点1] 2芯シールド線を適切に接続する

センサなどのすぐそばにA-Dコンバータを配置できればよいのですが，そうもいかない場合は少なくありません．シールド線を使って，ノイズが入らないように配線しますが，その端末処理を誤ると，期待したシールド効果が得られません．

ここでは，5種類の端末処理とその実測値を示し，シールド線がなぜ50/60 Hzのハム（磁束）を除去して芯線の信号を保護できるのかを解説します．

● シールドの接続法を変えてハム・ノイズを比較

実験のため，ノイズ源となる50 Hzの磁束を安定にシールド線へ加えるための仕掛けを**写真1**のように用意します．シールド線の末端をターミナルで固定し，シールド（シールド線の外側導体，編組線）をグラウンドに落としたり浮かしたりして，シールド効果の違いを測定します．

結果を**図1**に示します．各端末における波形は，R_{in}

回路抵抗に見立てた抵抗群 $R_{out}=100Ω$，$R_G=1Ω$，$R_{in}=1MΩ$．R_G は芯線とシールド部をループにした場合，ケーブルを加熱させないための電流制限抵抗

定量的測定を行うために，2芯シールド線をトロイダル・コア型電源トランス（AC100V用）に巻きつけて磁束を注入

端末処理を行うためのターミナル

R_{in}（1MΩ）両端の波形観測用リード

写真1　シールド線による磁気ノイズの低減効果を調べる実験装置
シールド線の端末をターミナルで固定し，シールド部（シールド線の外側の編組線）をグラウンドに落としたり浮かしたりして違いを調べる

磁束（50Hz）

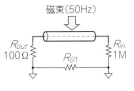
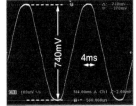

R_{out} 100Ω　R_{G1}　R_{in} 1M

740mV　4ms

（a）基準用

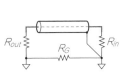
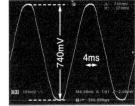

R_{out}　R_G　R_{in}

740mV　4ms

（b）1芯で片側のみ接地

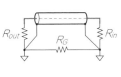
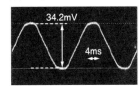

R_{out}　R_G　R_{in}

34.2mV　4ms

（c）1芯で両側接地

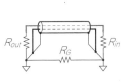
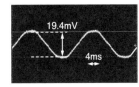

R_{out}　R_G　R_{in}

19.4mV　4ms

（d）2芯で両側を接地

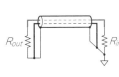
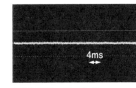

R_{out}　R_{in}

4ms

（e）2芯で両側接地，片側をフローティング

図1　2芯シールド線を適切に接続すると磁気ノイズを大幅に低減できる
正しく接続しないとまったく効果がない．正しく接続し，さらにグラウンドをフローティングできると，磁気ノイズの影響をほぼゼロにできる

（1 MΩ）の両端をオシロスコープで観測したものです。回路としては，左側を信号源に，右側を受信側に見立てています。(a)を減衰率0 dBの基準として，(b)～(e)のシールド効果を比較します。

(b)は編組線の片側のみ接地した場合で，シールド効果は基準(a)と同じです。つまりシールドとして働いていません。

表1はディジタル・マルチメータ（DMM）で測った実効値です。(e)の結果における値はDMMの内部ノイズそのものなので，実際の減衰率はさらに大きいと言えます。

● シールド線で磁気シールドができる原理

シールド線の外皮線には銅の編組線やアルミはくが使われます。これらは非磁性体なので，磁束は簡単に通過します。図1の(e)のように処理すると，磁束によって誘起した電流の向きが外皮線と芯線で逆になります。しかも片側がフローティングになっているため，右向きと左向きの電流量は同じになり，形成されたループにより消費されます（図2）。これがシールド線による磁気シールドの原理です。

(b)の用法では(a)と同様にループができないので，磁気シールド効果が発生しません。

本稿をまねて実験を行う場合，シールド線をコアへ巻くターン数は少なくし，シールド線の発熱には十分に留意します。(e)はわずか4ターンの巻き数ですが，大きな電流が流れるようで発熱がひどかったので，1回の測定は5秒以内で終わらせました。

表1 DMMで計測した実効値と減衰率（実測）
(e)は，実際には測定限界以下まで減衰できていて，効果は表記より高い

条件	DMMの読み	減衰率
(a)	267.283 mV$_{RMS}$	－
(b)	267.283 mV$_{RMS}$	0 dB
(c)	11.153 mV$_{RMS}$	－ 27.5916 dB
(d)	5.833 mV$_{RMS}$	－ 33.2216 dB
(e)	0.053 mV$_{RMS}$	－ 74.0539 dB

DMMの入力をショートしても同じ値だったので，DMMの内部ノイズの値と考えられる

● 絶縁するとシールド効果を向上できる

(c)や(d)の方法でも効果はありますが，グラウンド・ライン（ここではR_Gとして抵抗分1Ωを持たせてある）にも分流するため，芯線と外皮線の電流量が同じにならず，効果は(e)よりも劣っています。

グラウンド・ループがどうしても形成される機器では，フォトカプラなどで信号ラインを絶縁してループを切断すると(e)に近づき，高い効果が得られます。

■ ［要点2］ 電磁シールドを兼ねた密閉容器にA-D変換回路を入れる

● 低ドリフトOPアンプで電圧の揺らぎが出たら寄生熱電対を疑う

ひずみゲージを利用して重量や圧力を測る場合，微小な出力信号を高ゲインDCアンプで増幅します。低ノイズで入力オフセット電圧ドリフトが極めて小さいOPアンプを使います。

このとき，ドリフトと思われる変動がカタログ仕様より大きい場合は，寄生熱電対効果を疑います。

● 寄生熱電対とは？ 発生する場所は？

異なる種類の金属を貼り合わせた場所（異種金属の接合部）に温度差があると，温度差に比例した起電力（熱起電力と呼ぶ）がゼーベック効果により発生します。この原理を温度測定に利用しているセンサが「熱電対」です（図3）。

回路基板の上にも，OPアンプなどのICのリード，はんだ，配線パターンなどの異種金属の接合部があちこちにあります。これらを寄生熱電対と呼びます。この寄生熱電対から発生する熱起電力は，用途によっては深刻な誤差原因になります（図4）。

この熱起電力は，異種金属の接合部に風があたると揺らぎます。図4のように，熱起電力が発生するICリードがOPアンプの入力部分であれば，その電位の揺らぎは信号成分とともに増幅され，ドリフトのような低周波ノイズとなって現れます（図5）。

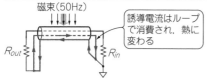

シールド線に磁束が交差することによって誘起する電流（ハム）は，外皮と芯線で流れが逆。したがって，ハムは形成されたループで消費される

磁束（50Hz）

誘導電流はループで消費され，熱に変わる

R_{out}　　　　R_{in}

図2 適切に接続した2芯シールド線に磁気シールドの効果が発生するメカニズム
シールド線に磁束が交差することによって誘起する電流（ハム）は，外皮と芯線で方向が逆になる。よってハムは形成されたループで消費される。R_Gによる電流制限がないと大きな電流が流れるので，実験するときはケーブルの発熱に留意する

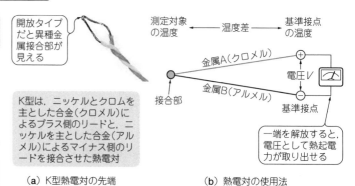

開放タイプだと異種金属接合部が見える

K型は，ニッケルとクロムを主とした合金（クロメル）によるプラス側のリードと，ニッケルを主とした合金（アルメル）によるマイナス側のリードを接合させた熱電対

測定対象の温度　←温度差→　基準接点の温度

金属A（クロメル）

電圧V

金属B（アルメル）

接合部　　　　　　　　　基準接点

一端を解放すると，電圧として熱起電力が取り出せる

（a）K型熱電対の先端　　　　（b）熱電対の使用法

図3 異種金属接合で発生する熱起電力を利用する熱電対という温度センサがある
異種金属の接合からはゼーベック効果により温度差に応じた熱起電力を発生する

● 高ゲインDCアンプによる寄生熱電対効果の確認

エア・シールドの目的でアルミ・ケースに入れた増幅率1万(80 dB)倍のDCアンプ回路を例に,寄生熱電対の影響と,対策の効果を確認してみます(図6).

図6の回路の入力に,2本のエナメル線をはんだ付けしたプローブ(意図的な寄生熱電対)を接続し,このプローブをケースに開けた穴から出し入れ(入れたときはガムテープで穴を目張り)します.ケースの外に出したときは風があたる状態,ケースの中に入れたときは風があたらないようにした状態になります.

実験結果を図7に示します.図7(b)はプローブを封入した状態で行った波形で,OPA227単体のノイズ・レベルです.一方,図7(a)は,プローブを露出した状態で行った波形です.念のため実験自体は外来ノイズをシャットアウトするシールド・ルーム(約3畳)で行いました.単発の大きな揺らぎは,シールド・ルームのドアの開け閉めで発生した風の影響です.

● 現実の回路における寄生熱電対の影響度合い

図6の実験では,寄生熱電対のプローブを作って,意図的な環境(シールド・ルームのような密閉された部屋)で影響を確認しました.

天井にエアコンの吹き出し口がある普通のラボで,オープン・エアの(空気にさらした)状態の回路基板だとどうなるかを見てみましょう.

ここでは,K型熱電対をセンサとする温度測定回路

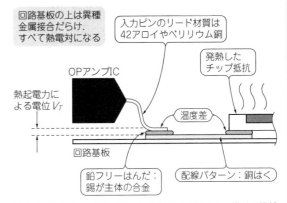

図4 部品のリードを配線パターンにはんだ付けした箇所は異種金属接合なので全て熱電対になる
これを寄生熱電対と呼ぶ

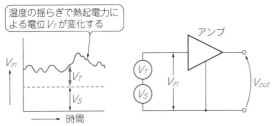

図5 基板に風があたると温度が変動し,熱起電力が揺らいで低周波ノイズが発生する
OPアンプの直流性能を引き出せなくなってしまう

V_{in}:アンプ入力電圧,V_S:信号,V_T:熱起電力

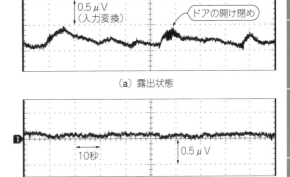

(a) 露出状態

(b) 封入状態

図7 はんだ付け1カ所が扉の開け閉め程度のわずかな風にあたっただけで1 μV_{P-P}近く電圧が揺らぐ(実測)
小部屋(3畳程度のシールド・ルーム)のドアを開け閉めして空気に乱れを作る.レコーダの感度と時間軸は同一条件

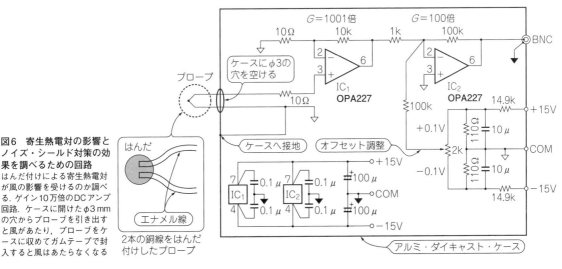

図6 寄生熱電対の影響とノイズ・シールド対策の効果を調べるための回路
はんだ付けによる寄生熱電対が風の影響を受けるのか調べる.ゲイン10万倍のDCアンプ回路.ケースに開けたφ3 mmの穴からプローブを引き出すと風があたり,プローブをケースに収めてガムテープで封入すると風はあたらなくなる

2本の銅線をはんだ付けしたプローブ

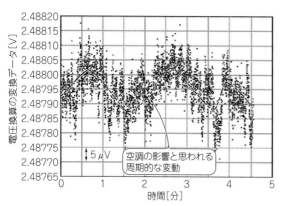

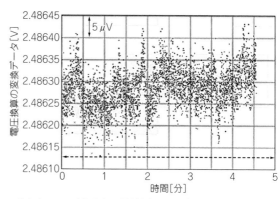

（a）ケースの外で風があたるときは入力換算ノイズ2.3μV_{P-P}, ノイズ・フリー・ビット22.05ビット

（b）ケースの中に入れて風があたらないときは入力換算ノイズ 1.5μV_{P-P}, ノイズ・フリー・ビット22.66ビット

図8　風による低周波ノイズを調べた結果（実測）
K型熱電対をセンサとする温度測定用回路をケースに入れるかどうかの違いをみる．A-D変換したデータの乱れを評価する

基板を使用し，測定は基板に実装したA-Dコンバータの変換データ出力をモニタします．

測定結果を**図8**に示します．ケースに封入した状態の**図8（b）**に対して，**図8（a）**のオープン・エアではエアコンの風による影響と見られる周期的な揺れが加わり，0.8μV_{P-P}（入力換算）ほど変動が大きくなっています．これはK型熱電対の感度（約41μV/℃）で，周囲温度0.02℃の変動に相当します．

静寂な環境でもこの変動ですから，放熱用ファンを

つけてケース内に対流を作ったら，変動は20〜30倍にも跳ね上がることは想像に難くありません，仮にこの回路基板がディジタル・マルチメータだったとすれば，200μVレンジでは下位2桁ぶんの変動になります．よって，放熱用ファンをつけたシステムでは，A-D変換部分はプリアンプも含めて，電磁シールドを兼ねた密閉容器（エア・シールド）に入れるのが常套手段です．

〈中村　黄三〉

（初出：「トランジスタ技術」2018年10月号）

直伝！匠の技 68

前置増幅回路の雑音を減らすための抵抗とOPアンプの選び方

オペアンプ回路雑音：抵抗値と雑音レ〔

ゲイン設定抵抗が1桁異なる場合の雑音の差．

[DVDの見どころ] DVD番号：L-07〜13

- 講義 OPアンプ回路の抵抗から出る熱雑音
- シミュレーション OPアンプのGB積による雑音の差，帯域幅制限による雑音の差を確認
- 講義 OPアンプの内部雑音と信号源抵抗
- 実験 信号源抵抗を変えてOPアンプの内部雑音の変化を測定した

〈編集部〉

■ **[要点3] 低雑音アンプには100Ω以下の抵抗を使い，帯域幅を最小限にする**

● **抵抗も雑音源になる**

抵抗は回路を構成する上で不可欠な基礎部品ですが，一方においてノイズ源にもなります．抵抗から出る雑音をサーマル・ノイズ（熱雑音）と呼びます．サーマ

ル・ノイズは，抵抗の温度，抵抗値，ノイズを伝達する帯域幅に比例して増大します（**図1**）．したがって，低消費電力化を図って不用意に値の大きな抵抗を使うと，アンプ回路からのノイズが大きくなります．

● **雑音の大きさは抵抗の値と配置場所で変わる**

抵抗から発生する雑音はアンプで増幅されます．その増幅される度合いは，**図2**に示すように，抵抗の配

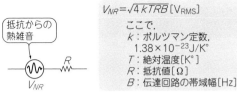

$$V_{NR}=\sqrt{4kTRB}\,[\mathrm{V_{RMS}}]$$

ここで,
k：ボルツマン定数,
$1.38\times10^{-23}\,\mathrm{J/K^\circ}$
T：絶対温度[K°]
R：抵抗値[Ω]
B：伝達回路の帯域幅[Hz]

図1 抵抗から発生する熱雑音の大きさは温度・抵抗値・伝達帯域幅で決まる
抵抗からは抵抗の温度T，抵抗値R，伝達回路の周波数帯域幅Bの平方根に比例した熱雑音V_{NR}が発生する

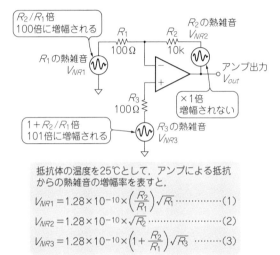

図2 抵抗からの熱雑音はアンプ回路の位置によって影響度合いが異なる
入力側にある抵抗からの雑音は大きく増幅されてしまう

抵抗体の温度を25℃として，アンプによる抵抗からの熱雑音の増幅率を表すと，

$$V_{NR1}=1.28\times10^{-10}\times\left(\frac{R_2}{R_1}\right)\sqrt{R_1}\ \cdots\cdots\cdots(1)$$

$$V_{NR2}=1.28\times10^{-10}\times\sqrt{R_2}\ \cdots\cdots\cdots\cdots(2)$$

$$V_{NR3}=1.28\times10^{-10}\times\left(1+\frac{R_2}{R_1}\right)\sqrt{R_3}\ \cdots\cdots(3)$$

置場所で違ってきます．最も増幅される場所は，OPアンプの非反転入力部のR_3，ついで反転入力部のR_1です．最も鈍感なのは帰還抵抗R_2です．抵抗体の温度を25℃，帯域幅1MHzとして，アンプによる抵抗雑音の増幅率を定量的に表すと，**図2**中の式(1)～(3)のようになります．したがって，入力部へ接続する抵抗の値は，低雑音アンプ回路を目指すなら100Ωオーダ以下に抑えます．

以上のことは，**図3**のようなLTspiceによるシミュレーションでも確認できます．R_1とR_2はアンプ回路の増幅率を決めるゲイン設定抵抗です．比率（100倍）を維持し，桁だけ変えて解析してみます．

図4の$R_1=100\,Ω$における出力雑音254.63 $\mu\mathrm{V_{RMS}}$に対して，**図5**の$R_1=1\,\mathrm{k}Ω$では372.39 $\mu\mathrm{V_{RMS}}$と増大しているのがわかります．実効値の求め方を**図6**に示します．

R_1の抵抗値は，R_1+R_2（ゲイン設定抵抗）がアンプの負荷になることを考慮すると下限があります．$R_1$$+R_2$に流れる電流をOPアンプの出力電流対ひずみの特性を考慮して抵抗値を決めます．目安として，OPアンプの定格出力電流の1/2～1/5程度の出力電流になる値を選びます．

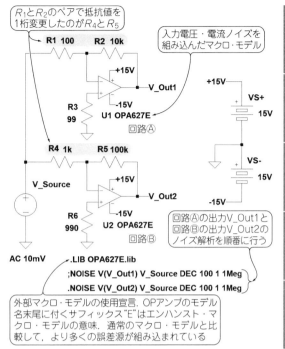

図3 ゲイン設定抵抗を1桁変えて雑音の大きさを比較する
内部雑音が組み込まれているOPアンプ・モデルを使って，ゲイン100倍のアンプをシミュレーション

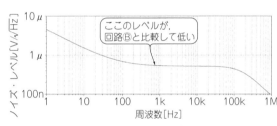

図4 低い抵抗値で構成した図3の回路Ⓐの雑音解析結果（LTspiceによるシミュレーション）
帯域幅1MHzにおける実効値は254.63 $\mu\mathrm{V_{RMS}}$．ゲインを設定する抵抗の値を$R_1=100\,Ω$，$R_2=10\,\mathrm{k}Ω$とした

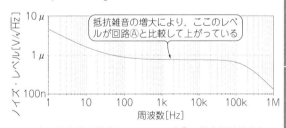

図5 高い抵抗値で構成した図3の回路Ⓑの雑音解析結果（LTspiceによるシミュレーション）
帯域幅1MHzにおける実効値は372.39 $\mu\mathrm{V_{RMS}}$．ゲインを設定する抵抗の値を$R_1=1\,\mathrm{k}Ω$，$R_2=100\,\mathrm{k}Ω$とした

● **回路の帯域幅は狭いほうが雑音は小さい**

図1の式を見ると，伝達回路の帯域幅"B"も抵抗から発生する雑音の大きさを決める要因になっています．

アンプ回路における伝達回路の帯域幅とは，使用するOPアンプの帯域幅そのものになります．

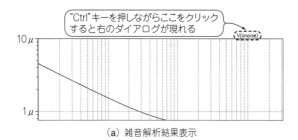

(a) 雑音解析結果表示

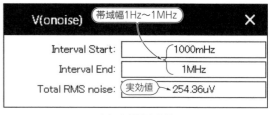

(b) 実効値の表示

図6 グラフ上部のトレース名をCtrlを押しながらクリックすると実効値が表示される

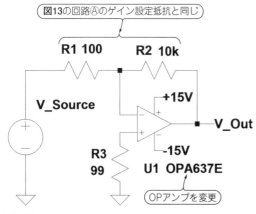

AC 10mV　.LIB OPA637E.lib

.NOISE V(V_Out) V_Source DEC 100 1 1Meg

図7 OPA627より広帯域なOPA637によるゲイン100倍のアンプ回路
*GB*積はOPA627が16 MHzなのに対して，OPA637は80 MHzと広帯域

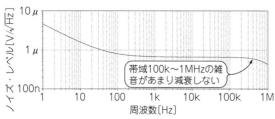

図8 OPA627より広帯域なOPA637で構成したアンプ回路は雑音が大幅に増えた（LTspiceによるシミュレーション）
OPA627と比べ100 k～1 MHzの区間が平坦に伸びているため，実効値雑音は254.63 μV$_{RMS}$から567.66 μV$_{RMS}$と大幅に増えた．帯域幅が不必要に広いOPアンプを採用すると期待した雑音特性が得られない

そこで，**図3**で使ったOPA627（ユニティ・ゲインで安定）の代わりに，内部回路は同じでゲイン・バンド幅積（*GB*積）だけを16 MHzから80 MHzに広げたOPA637（ゲイン5以上で安定）を回路Ⓐに入れて，ノイズ解析してみます．

回路図が**図7**，解析結果が**図8**です．帯域幅16 MHzのOPA627の254.63 μV$_{RMS}$に対し，帯域幅80 MHzのOPA637は567.66 μV$_{RMS}$とかなり悪くなっています．

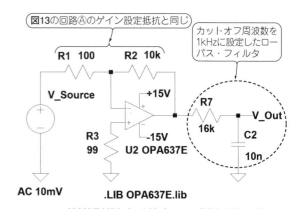

図9 1 kHzローパス・フィルタを追加して帯域幅を制限したOPA637のアンプ回路

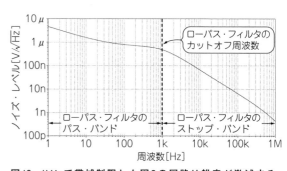

図10 1 kHzで帯域制限した図9の回路は雑音が激減する（LTspiceによるシミュレーション）
567.66 μV$_{RMS}$から28.74 μV$_{RMS}$に激減した．低雑音を目指すなら，帯域幅を必要最小限にすることが重要

OPA637を使用した場合，100 k～1 MHz区間の雑音がほとんど減少せず，雑音増大の原因となっています．OPA627とOPA637は共に低雑音OPアンプとして販売されていますが，不必要に帯域幅の広いOPアンプを選択すると，期待した雑音特性が得られません．

● 信号増幅に不要な帯域幅を制限して雑音を抑える
不要な帯域幅を放置すると，アンプ回路の出力において，抵抗雑音のみならずOPアンプ内部で発生する雑音も増大します．そこで，**図7**のアンプ回路の出力

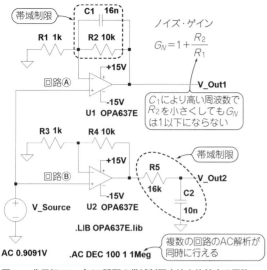

図11 非反転アンプで2種類の帯域制限方法を比較する回路
回路Ⓐの方法ではゲインが1以下にできないので，回路Ⓑのほうが低雑音

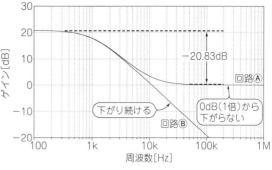

図12 帰還抵抗にCを並列にするのではなくRCフィルタを追加して帯域制限するほうが良い（LTspiceによるシミュレーション）
回路Ⓐはゲインが1倍以下に下がらないので，前段の雑音を伝えてしまう

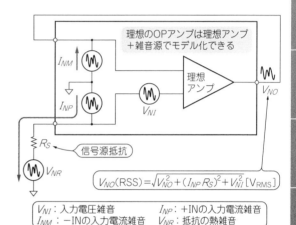

図13 OPアンプの内部ノイズと信号源抵抗
OPアンプの内部ノイズには入力電圧ノイズと入力電流ノイズとがあり，これに信号源抵抗のノイズが加わり電圧ノイズ（V_{NO}）として出力される

にカットオフ周波数1 kHzのローパス・フィルタを追加して（**図9**），帯域幅を制限してみます．結果の**図10**を見ると，簡単な1次のRCフィルタを追加しただけでも，帯域幅1 MHzにおける雑音の実効値が567.66 μV_{RMS}から28.74 μV_{RMS}と激減しているのがわかります．

これらの結果をまとめると，低雑音アンプ回路の設計ポイントは，低雑音OPアンプの採用，低抵抗によるゲイン設定，不要な帯域幅の制限になります．

● **帯域制限の方法にもコツがある**

OPアンプの入力雑音電圧は，等価的に非反転入力にぶら下がります．このことから，OPアンプ自身の内部雑音に対するゲイン G_N（ノイズ・ゲインと呼ぶ）は，信号に対するアンプ回路の入出力が反転・非反転に関わらず，非反転ゲインの式で計算できます．

信号＋ノイズ成分を非反転アンプで受けることを前提に，ノイズ解析ではなくAC解析用に作成した回路を**図11**に示します．

回路Ⓐは帰還ループにコンデンサを抱かせ，信号帯域外雑音に対するゲインを下げて，雑音の低減を図っています．回路Ⓑは先ほど同様，ローパス・フィルタです．

シミュレーション結果の**図12**を見ると，回路Ⓐの方式では高域ではゲイン式の形どおりに，ゲインの減少が1倍（－20.83 dB）で頭打ちになっています．つまり，この方式は，アンプ回路の設定ゲインが大きければノイズ低減の効果があるものの，設定ゲインが小さければ効果は小さいと言えます．対して回路Ⓑは，高域に向かってゲインが連続的に降下しています．

■［要点4］信号源抵抗が0Ωのときはバイポーラ入力タイプ，1MΩのときはFET入力タイプのOPアンプを選ぶ

● **OPアンプの内部雑音は電圧性と電流性の2種類**

OPアンプの内部には，電圧性の雑音源と電流性の雑音源が存在します．現実のOPアンプは，理想OPアンプの入力部にこれらのノイズ源を組み込んだ**図13**の等価回路で表現できます．

電圧性雑音は，理想OPアンプの非反転入力に接続された電圧源で表されます．**図13**では入力電圧雑音 V_{NI} です．電流性雑音は，理想OPアンプの2つの入力に接続される入力バイアス電流の揺らぎ，つまり電流のランダムな増減として付加されます．**図13**では反転側が入力電流雑音 I_{NM}，非反転側が入力電流雑音 I_{NP} です．

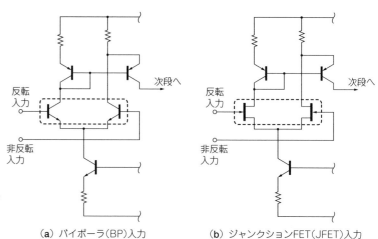

図14 OPアンプは入力部のトランジスタが
バイポーラ，またはFETの2つのタイプがある
FET入力はバイアス電流が小さく，電流性雑音も
小さい

（**a**）バイポーラ（BP）入力　　　　　（**b**）ジャンクションFET（JFET）入力

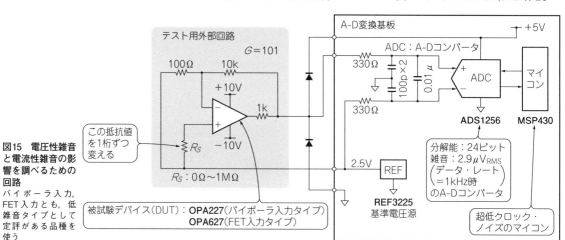

図15 電圧性雑音
と電流性雑音の影
響を調べるための
回路
バイポーラ入力，
FET入力とも，低
雑音タイプとして
定評がある品種を
使う

● **出力に現れる電圧性雑音の大きさは非反転アンプ
のゲインと同じ式で計算できる**

入力電圧雑音は，ノイズ・ゲイン（非反転ゲイン）倍
されて出力されます．ゲイン設定抵抗が付いており，
入力側 R_1，帰還部 R_2 とすれば，ノイズ・ゲイン G_N は
$G_N = 1 + (R_2/R_1)$ になります．**図13**の回路（ボルテー
ジ・フォロワ）では，$R_1 = \infty$ で $R_2 = 0\,\Omega$ なのでノイズ・
ゲインは1倍です．

● **電流性雑音は信号源抵抗に流れて電圧性雑音に**

入力電流雑音の非反転側（I_{NP}）は信号源抵抗に流れ
ることで，信号源抵抗（R_S）の両端電圧降下の揺れと
して電圧性雑音（$I_{NP}R_S$）に変換されます．その結果，
抵抗からの熱雑音（V_{NR}）とミックスして，入力電圧雑
音 V_{NI} と一緒に非反転ゲイン倍されて出力されます．
これらの雑音の総合出力 V_{NO} は単純な和ではなく，各
電圧項の2乗の和の平方根（RSS：Root Sum Square）
で計算します．

● **OPアンプの入力形式によって電圧性雑音と電流
性雑音の傾向が異なる**

OPアンプの種類を入力形式で大別すると，バイポ

ーラ（BP）入力OPアンプとFET入力OPアンプの2つ
のタイプがあります（**図14**）．前者はOPアンプの回路
全体がバイポーラ・トランジスタで構成されているタ
イプ，後者は初段だけジャンクションFET（JFET）で
構成されているタイプです．どちらの入力形式にも低
雑音OPアンプと称して販売されているデバイスがあ
り，どちらを選択すべきか，不慣れなOPアンプ・ユ
ーザを惑わせます．

回路全体がMOSFETで構成されているCMOS OP
アンプもあり，これもFET入力に分類されますが，
特性的に雑音やひずみの特性はあまりよくないので，
現時点では解説対象外とします．将来的には比肩しう
る品種が出てくる可能性はあります．

▶電圧性雑音はバイポーラ入力OPアンプが小さいが，
電流性雑音はFET入力タイプのほうが圧倒的に小さい

入力電圧雑音は，バイポーラ入力タイプのほうが，
FET入力タイプより小さな値です．一方，入力電流
雑音は入力バイアス電流に比例するので，ハイ・イン
ピーダンスなFET入力タイプのほうが小さな値です．
入力電流雑音とは入力バイアス電流の揺らぎ成分であ

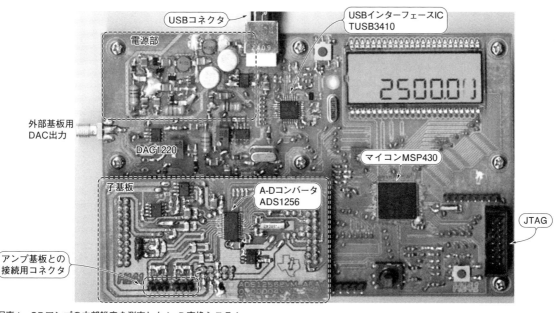

写真1　OPアンプの内部雑音を測定したA-D変換システム
テキサス・インスツルメンツ社から提供されている評価ボードMMB3と中身は同じ．TIから無償で提供されているソフトウェアADCProを入れたパソコンと接続して使う

るためです．両者の定量的なデータは後で示します．

入力電圧雑音の大きさは，信号源抵抗R_Sの大きさに依存しません．周囲温度に変化がなければ，実効値ベースで一定です．入力電流雑音も，周囲温度に変化がなければ実効値ベースで一定です．しかし，信号源抵抗R_Sの大きさに比例して電圧性雑音($I_{NP}R_S$)に変換された値は大きくなります．

以上をまとめると，信号源抵抗R_Sが低い場合はバイポーラ入力タイプのOPアンプが低雑音化に有利で，信号源抵抗が高い場合はFET入力タイプが有利です．

● 信号源抵抗によって選ぶOPアンプが異なる

図15のように，バイポーラ入力OPアンプのOPA227とJFET入力OPアンプのOPA627を被試験デバイス(DUT)に使って，信号源抵抗を変えて検証してみます．

OPA227は，バイポーラ入力の低雑音OPアンプのレジェンドOP27の次世代版です．OPA627はOPA227のFET入力版として位置付けられます．DUTは"Device Under the Test"の略で，外資系半導体メーカのカタログでよく使用される用語です．

▶実験システム

図15の実験システムは1枚の基板にまとまっています(**写真1**)．ノイズ・ゲインを101倍にする回路のソケットへDUTを挿入し，アンプ回路の出力電圧を後段のA-Dコンバータで数値化します．DUTに増幅度を持たせるのは，A-Dコンバータの内部雑音を相対的に無視できるような比率までOPアンプの内部雑音を増幅するためです．

DUTの非反転入力に接続されている信号源抵抗R_Sを，0Ω(非反転入力をグラウンドへ直接ショート)から1MΩまで1桁ずつ変えます．

数値化されたデータはマイコンからUSB経由でパソコンへ送ります．マイコンはA-Dコンバータの制御やデータ通信に不可欠なデバイスですが，高分解能A-Dコンバータにとってノイズ源であるため，できるだけ放射クロック・ノイズが微小，すなわち低消費電力のものを選ぶほうが良く，ここではMSP430(テキサス・インスツルメンツ)を使いました．

表計算ソフトウェアExcelで，出力雑音V_{NO}のヒストグラムや，実効値(入力換算)を求めてR_S対V_{NO}のグラフの作成を行います．今回のV_{NO}の生データの個数は，A-Dコンバータを1kspsで動かして10秒間測定したので，1万個です．

▶$R_S = 0\,Ω$のとき

R_Sが0Ωの場合の結果を**図16**に示します．入力電流ノイズの影響は出力されないので，セオリ通りバイポーラ入力のOPA227(0.62 $\mu V_{P\text{-}P}$)のほうが，FET入力のOPA627(0.92 $\mu V_{P\text{-}P}$)より低雑音です．

最大，最小，範囲の項目は，生データ(1万個)に対して，Excelの基本統計量を抽出させる機能を用いて出力させた値です．最大は正側のピーク値，最小は負側のピーク値，範囲は最大と最小の差分で，すなわち雑音のピーク・ツー・ピーク値になります．

棒グラフは，Excelのヒストグラム機能を用いて作図しています．ほぼ完全な正規分布を示しており，生データにマイコンなどからの外来ノイズが混入してい

Right margin tabs (top to bottom): 電気・電子 / アナログ / ディジタル / 製作実習 / 測定 / 回路実験 / 基板・雑音 / RF / 電源回路 / 放熱 / センサ / 高精度A-D

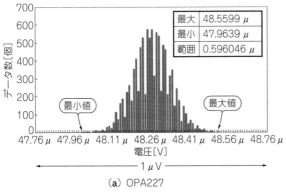

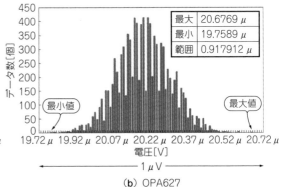

（a）OPA227　　　　　　　　　　　　　　（b）OPA627

図16　信号源抵抗R_S＝0Ωではバイポーラ入力タイプのほうが低雑音（実測）
電流性雑音は影響しないので入力雑音だけを測ることになる

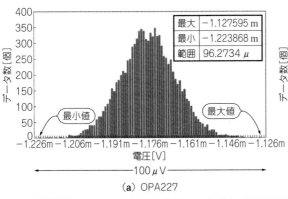

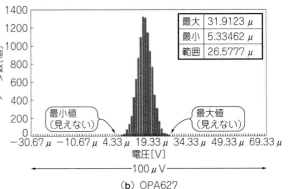

（a）OPA227　　　　　　　　　　　　　　（b）OPA627

図17　信号源抵抗R_S＝1MΩではFET入力タイプのほうが低雑音（実測）
バイポーラ入力タイプでは電流性雑音が大きく現れる

ないことを示します．超低消費電力マイコンの
MPS430を使った効果が現れています．

▶R_S＝1MΩのとき

R_S＝1MΩの結果を**図17**に示します．R_Sが1MΩ
と巨大になると，入力電流雑音が大きいバイポーラ入
力のOPA227は，$I_{NP} R_S$による電圧性雑音の影響で，
R_S＝0Ωの0.60μ$\mathrm{V_{P-P}}$から96.3μ$\mathrm{V_{P-P}}$と大幅に大き
くなります．

一方，入力バイアス電流の小さなFET入力のOPA
627はR_Sの影響を受けないので，出力雑音はR_S＝0Ω
での0.92μ$\mathrm{V_{P-P}}$に対しR_S＝1MΩでも26.6μ$\mathrm{V_{P-P}}$と
低い値が保持されています．

▶グラフによる総合的な検討

信号源抵抗R_Sに対する出力雑音V_{NO}をグラフにし
たのが**図18**です．R_Sが10kΩより低い場合はバイポ
ーラ入力のOPA227を，10kΩより高い場合はFET
入力のOPA627を選んだほうがV_{NO}を小さくできるこ
とがわかります．

点線で示したR_Sの熱雑音は，温度を25℃としてグ
ラフ中の計算式で求めた計算値です．OPA627の場合
はR_Sのカーブがかぶっているので，OPA627正味の

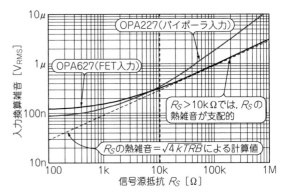

図18　信号源抵抗R_Sを変えたときの出力雑音V_{NO}（入力換算）の値
R_Sが10kΩ以下ならバイポーラ入力タイプのOPA227が低雑音だが，
10kΩ以上ではFET入力のOPA627のほうが低雑音になる．ただし，
信号源抵抗R_Sからの熱雑音が支配的で，OPA627の出力雑音は見えない

V_{NO}はこの実験方法では測定不可です．0.92μ$\mathrm{V_{P-P}}$を
差し引いた増加分25.68μ$\mathrm{V_{P-P}}$は抵抗の熱雑音と考え
ることが妥当といえます．

〈中村　黄三〉

（初出：「トランジスタ技術」2018年10月号）

直伝！匠の技 ⑥⑨ 高周波の妨害波を取り除くのにやっぱり必要！前置フィルタ

[DVDの見どころ] DVD番号：L－14～17

- 講義 前置フィルタの必要性
- 講義 アクティブ・フィルタの高周波リーク対策は奇数次フィルタが有効
- 実験 実際にフィルタ基板を使って検証する

〈編集部〉

前置フィルタの必要性：混合波の変換…

FFTによるスペクトラム
① 2kHzの入力信号
② 7.99MHzのエイリアス(10kHz)
③ エイリアスの高調波歪

タイム・ドメインによる波形

2kHz   10kHz

■ [要点5] MHz超の高周波はアナログ・フィルタで落とすしかない

ΔΣ型A-Dコンバータは，高次の強力なディジタル・ローパス・フィルタを内蔵しています．そんなフィルタがあるなら，A-Dコンバータの前に配置するアナログ回路のローパス・フィルタなしでも使えそうです．実験でアナログ・フィルタが必要かどうか確認してみましょう．

図1に実験用回路を示します．ファンクション・ジェネレータ2台により，信号（2 kHz）と妨害波（7.99 MHz）を発生させます．信号と妨害波を4：1の割合で混合してΔΣ型A-DコンバータADS1258(テキサス・インスツルメンツ社)に加えます．

ADS1258の評価用基板とパソコン，無料ソフトウェア「ADCPro」を利用しました．ADCProはUSBインターフェース経由でA-Dコンバータと通信し，制御を行います．本ソフトウェアは変換データを取り込み，波形解析(タイム・ドメイン)やFFT解析(周波数ドメイン)を実行した結果を画面上に表示する機能を持っています．

● 8 MHzと7.99 MHzのビート(10 kHz)がエイリアスとして現れる

図2に図1の実験結果を示します．混合波を入力してADS1258の変換データを取り込み，時間波形と周波数スペクトラムを表示しています．

図2(a)に示す2 kHzの信号成分には，10 kHzの波形が重なっています．10 kHzは入力していない成分です．10 kHzは7.99 MHzの妨害波と，ADS1258に入力しているクロック8 MHzとの差の周波数です．エイリアス信号として10 kHzに折り返してきています（図3）．

2 kHzの信号と10 kHzのエイリアスとの振幅の比を調べると，入力した混合波形と同じ4：1の比率になっています．7.99 MHzという高周波の妨害は，内部のディジタル・フィルタでは除去できません（減衰率が0 dBである）．

図4にディジタル・フィルタの周波数応答特性を示します．図4(a)は通過帯域（パス・バンド）のグラフ，図4(b)はモジュレーション・クロックの倍数の周波数まで広げた遮断帯域（ストップ・バンド）のグラフです．

図4(a)ではデータ・レート（1秒あたりの変換回数）とその倍数に，まったく信号が通過できない帯域（ノ

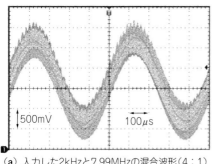

(a) 入力した2kHzと7.99MHzの混合波形(4：1)

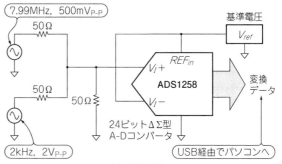

(b) 測定回路

図1 2 kHzと7.99 MHzの混合波形をADS1258(125 ksps)に加え，内蔵のディジタル・フィルタの限界を探る
ΔΣ型A-Dコンバータはディジタル信号処理による強力なローパス・フィルタが入っている．ΔΣ型A-Dコンバータに動作クロック周波数付近のノイズを加えた信号を入力してみる．使用機材は，ADS1258(テキサス・インスツルメンツ)の評価用ボード(USB経由でパソコンへ接続)と，A-Dコンバータの制御，データ解析を行うための評価用ソフトADCProである．50 Ωの抵抗と発振器は外付け

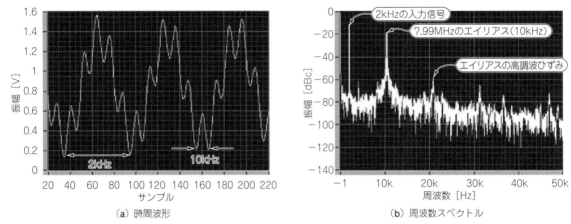

図2 図1で入力した7.99 MHz とクロック周波数8 MHz の差の10 kHz が，ほぼ減衰せず現れている
ADCProによる分析結果を示す．2kHz と10kHz の比は約4：1，つまり7.99 MHz に対する減衰率は0 dB である．10 kHz の正体は8MHz（125 ksps × 64）と7.99 MHz とのビート

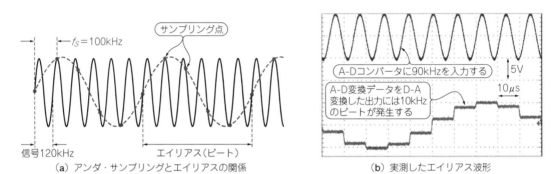

図3 入力信号やノイズの周波数がA-D コンバータのサンプル・レートの半分より高いと，サンプリング周波数との差のビートとなって，低域にエイリアスが現れる
エイリアスとはサンプリング周波数と信号周波数の差によるビート波形．(b) はA-D コンバータとD-A コンバータを直結した波形である

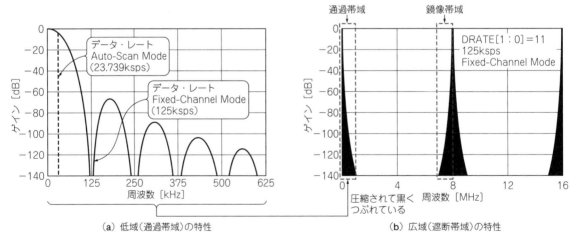

図4 ΔΣ 型A-D コンバータが内蔵するディジタル・フィルタの周波数特性（ADS1258のデータシートより）
通過帯域より高い周波数は遮断されるが，クロック周波数の整数倍で鏡像帯域が発生し，ほとんど減衰しない周波数もある．7.99 MHz はその一例

ッチ）があります．そのノッチに挟まれた山が多数見受けられます．

図4(b) で左端にある三角形状の部分は，**図4(a)** の特性（ノッチに挟まれた山とノッチ）が横方向に圧縮さ

れ，塗りつぶしたように表現された結果です．グラフ中央がモジュレーション・クロック周波数の8 MHz です．8 MHz より左側の三角形は，低域の応答を鏡に映したような応答（ここでは鏡像と呼ぶ）になっています．

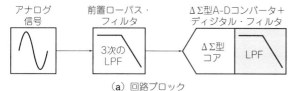

アナログ
信号

前置ローパス・
フィルタ

ΔΣ型A-Dコンバータ＋
ディジタル・フィルタ

3次の
LPF

ΔΣ型
コア

LPF

（a）回路ブロック

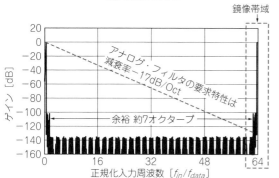

（c）ディジタル・フィルタの高域特性

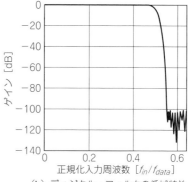

（b）ディジタル・フィルタの低域特性

図5　遮断周波数が通過帯域の125倍上なら，前置ローパス・フィルタは3次で済む
ΔΣ型A-Dコンバータ内蔵のディジタル・フィルタの効用は，逐次比較型のA-Dコンバータと比較して，前置フィルタへの減衰特性が軽減される．ΔΣ型A-Dコンバータに内蔵されているディジタル・フィルタは前置アナログ・フィルタの次数を軽くする

　鏡像のピークにおける減衰率は0dBです．**図4**は7.99MHzの妨害波がほぼ減衰することなく，ADS1258の変換データに10kHzのエイリアスとして出てくる，ということが示されているグラフなのです．

　ΔΣ型A-Dコンバータは，数kHzの信号しか扱えない低速タイプという先入観がありますが，内部のリニア回路はMHzの帯域まで伸びています．

■［要点6］高周波リーク対策には3次のローパス・フィルタがおすすめ

● 3次のローパス・フィルタで妨害波を－120dBまで減衰する

　ADS1258の通過帯域を64kHzにしたときは，鏡像のピーク8MHzとの比率は125倍です．通過帯域と遷移帯域の間は，**図5**に示すように約2^7，つまり7オクターブと広い幅があります．アナログ・フィルタによって妨害波（7.99MHz）を－120dBまで減衰するには－17dB/oct（≒－120dB÷7oct）のローパス・フィルタをA-Dコンバータの前に設置すればよいです．RCアクティブLPFでは次数1次あたり－6dBなので，3次のローパス・フィルタを前置すればよいとわかります．

● 偶数次のサレン・キー型フィルタの問題点

　サレン・キー型アクティブ・ローパス・フィルタは回路構成がシンプルなので，A-Dコンバータのアンチエイリアシング・フィルタ（帯域幅制限）としてよく使われます．

　アナログ回路のローパス・フィルタの特性として，次数が大きいほど周波数に比例して急速に下がります．次数とはRとCのペアの数を表します．

　よく見かけるのは3次や4次です．少しでも急峻なカットオフ特性を得たいときは，OPアンプの使用個数が同じなので，奇数次ではなく偶数次にしようと考えるかもしれません．しかしサレン・キー型で偶数次のローパス・フィルタを構成するときは，高周波リークの発生に留意します．

● サレン・キー型LPFの帯域外応答

　図6に3次と4次のサレン・キー型LPF（バターワース応答）の回路と，LTspiceによる周波数特性を示します．

　図6（b）のグラフを見ると，4次のLPFでは100kHzあたりを境に連続的に減衰してきたゲインが上昇に転じています．これが，高周波リークによるゲインの増大現象です．ΔΣ型A-Dコンバータの前置フィルタとしては，数MHz付近を阻止できないと不合格です．

　3次のLPFは，水平を保ってフィルタ・ゲインの上昇が抑制されています．この特性なら，ADS1258の前置フィルタとして十分に使えます．

● 3次のLPFがΔΣ型A-Dコンバータの前置フィルタに向く理由

　図6（b）の違いがどこから来るのかをシンプルな回路図で確認してみます．3次LPFの場合は前段がシンプルな1次のRCフィルタ構成になっています．したがって，**図7（a）**に示すように高周波成分はR_1とC_1を介してグラウンドに落ちて阻止されます．この効果によって，後段（U_2）はゲインの上昇があるものの，合成特性としてはフラットに抑制されます．このことは，前段（U_1出力）と後段（U_2）の周波数応答を併記した**図8**のグラフを見ると，よりわかりやすいでしょう．

　4次の場合は，前段・後段共に，入力から出力へ信号が素通りするダイレクト・パスがあります．高周波成分は，**図7（b）**に示すように$R_4（R_6）$から$C_4（C_6）$を介してOPアンプの外側を通過します．このときOPアンプはゲインが落ちていて，出力はハイ・インピーダンスになっていて，手も足も出ない状態です．

電気・電子
アナログ
ディジタル
製作実習
測定
回路実験
基板・雑音
RF
電源回路
放熱
センサ
高精度A-D

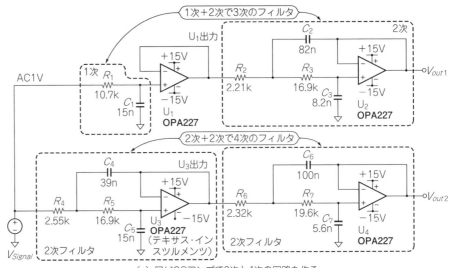

（a）同じOPアンプで3次と4次の回路を作る

図6 偶数次のサレン・キー型フィルタが数MHz以上の信号を通過させやすいことを確認する回路
4次のフィルタでは高周波の漏れがある．3次のフィルタは100k～10MHzで減衰せず棚になっているが盛り上がってはいない

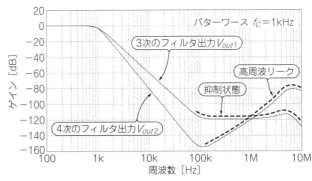

（b）2つのフィルタの周波数特性を比較

図7 OPアンプのゲインが落ちてきた帯域における信号の流れ
3次のフィルタではOPアンプが応答しなくても，信号やノイズは初段の1次フィルタR_1とC_1を介してグラウンドに落ちる．4次のフィルタでは，前段，後段共にC_4，C_6のダイレクト・パスにより回路の外側を通過する．このときOPアンプの出力インピーダンスはハイ・インピーダンスなので，リークの制御はできない

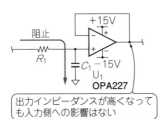

（a）RCフィルタは高域を落とせる

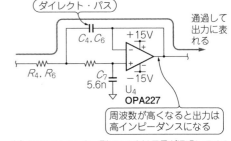

（b）2次のサレン・キー型フィルタは信号が通過してくる

● 実機実験

　重要な項目はシミュレーションだけでなく，実回路での実験も行います．**写真1**に示す実験用基板で実測してみました．3次と4次のLPFのほかに，反転ゲイン1倍のアンプを実装しています．OPアンプはすべてLM741（テキサス・インスツルメンツ）です．

　$G = -1$倍のアンプの目的は，LM741のf_T（開ループ・ゲインが1倍になる周波数）を確認するためです．f_Tより高い周波数は動作帯域外と考えられます．

　図6(b)や**図8**のような周波数特性のグラフを得る

にはネットワーク・アナライザを使います．**図9**に測定結果を示します．これを見ると，LM741のf_Tを境に4次のLPFのゲインが上昇に転じているのがわかります．「サレン・キー型LPFを使用するときは奇数次のフィルタを採用すべし」です．

● 偶数次のLPFを望むならMFB型を使用

　偶数次の構成の場合は，**図10**に示すマルチプル・フィードバック（MFB）型LPFを使います．回路構成は少し複雑ですが，サレン・キー型と比べて素子感度（部品のばらつきに対する特性の変化度合い）が低いと

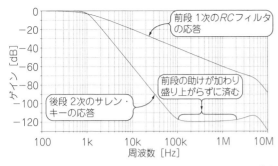

図8 前段（U_1）の応答はOPアンプの動作の有無にかかわらず連続的に減衰するので，それを受ける後段（U_2）の応答は盛り上がらずフラットに抑えられる
3次サレン・キー型ローパス・フィルタの周波数特性を前段と後段にわけて見てみる

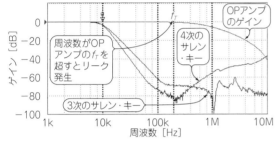

図9 OPアンプのゲインが1倍を切る付近の周波数から，4次のサレン・キーでは漏れが出てくる
製作したローパス・フィルタとアンプ回路の実測周波数特性．3次のサレン・キーは平たんである

いうメリットもあります．何より有利な点は，偶数次でも高周波リークを起こさないということです．

リークが起きない理由は，偶数次のLPFでもR_5とC_5で構成されるRCのペアが，OPアンプの動作帯域外でも1次のフィルタと等価の阻止効果を持つためです．OPアンプが動作する／しないに関わらず，ゲインは図10(b)に示すように連続的に降下します．

〈中村 黄三〉

(初出：「トランジスタ技術」2018年11月号)

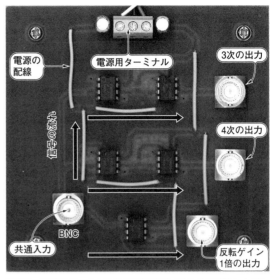

写真1 高周波リークと次数の関係を調べるために製作したサレン・キー型ローパス・フィルタ
CR部品は裏面に実装したので見えていない．－1倍のアンプは，使用したOPアンプのゲイン周波数特性確認用

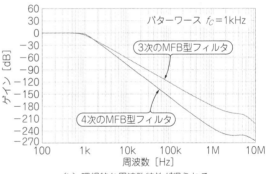

(b) 理想的な周波数特性が得られる

図10 偶数次のローパス・フィルタを使いたいときはマルチフィードバック型を使う
本フィルタはコンデンサのダイレクト・パスがないので，奇数／偶数に関わらず高周波リークがない．OPアンプの動作帯域外でもフィルタ・ゲインは連続的に降下している

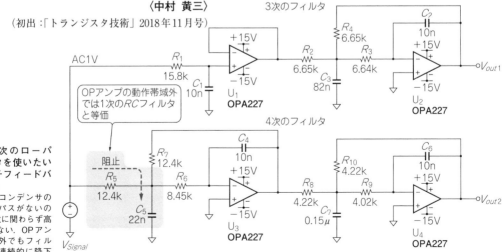

(a) マルチフィードバック型の3次と4次を比較

電気・電子
アナログ
ディジタル
製作実習
測定
回路実験
基板・雑音
RF
電源回路
放熱
センサ
高精度A-D

ゲイン1倍でも要注意！
バッファ・アンプにひそむ
非直線性誤差

バッファの非直線性誤差：各オペアンプ

色いろなアンプの V_{OS} シフトの実測値. ±15V電源

OPA211
0.2mV/div. 高CMR製品

OPA350
2mV/div. 局部的な偏移点

uA741
2mV/div. 非直線誤差が顕著

OPA365

[DVDの見どころ] DVD番号：L-18〜23

- 講義 バッファの非直線性は CMR の変化による V_{OS} のシフトが原因である
- 実験 各種OPアンプの V_{OS} シフトの測定結果と考察
- 講義 局部的偏移点の発生原因

〈編集部〉

■ [要点7] 非直線性誤差の原因は OPアンプの CMR

● 入力オフセット電圧の変化が誤差になる

　電圧ゲイン1倍のボルテージ・フォロワの出力電圧は，入力オフセット電圧 V_{OS} を含んでいるものの，それを除けば入力電圧と等しいと考えがちです．しかし V_{OS} は一定ではなく，**図1**に示すように入力電圧の変化によりシフトします．

　図1内の V_{CM} は同相モード電圧の意味で使っています．同相モード電圧とは，正相・逆相2つの入力電圧の平均値を指します．2Vと4Vが加わっていれば V_{CM} は3Vです．差分の2Vが差動入力電圧 V_{DEF} です．これらの記号は，ICメーカで統一されていません．ここではテキサス・インスツルメンツ社の表記に合わせています．

● 非直線性はOPアンプの入力回路の設計に依存する

　ボルテージ・フォロワとして使うOPアンプの出力は，反転入力へ直結されています．ボルテージ・フォロワ構成では，入力電圧 V_{in} と出力電圧 V_{out} がほぼ同じです．OPアンプの中から外を見ると，2つの入力ピンに加わる電圧はほぼ等しいので，入力電圧は同相モード電圧 V_{CM} と同じ値になります．

　どのようなOPアンプでも誤差源としての V_{OS}（**図1**中に電池の記号で示した可変電圧源）を持っています．この V_{OS} は V_{CM} の値を同相モード除去比 CMR（Common Mode Rejection）で割った値になります．CMR は V_{CM} の変化分 ΔV_{CM} と V_{OS} の変化分 ΔV_{OS} との比で，必ずしも一定ではなく，V_{in} に依存して変化します．

　図2は，741系などの汎用OPアンプの V_{in} 対 CMR の傾向です．**図2(a)** の V_{in} は，0〜10V区間では CMR はほぼ一定です．この場合，**図2(b)** の0〜10V区間に示したように V_{OS} の増加も直線的なので，単なるゲイン誤差となります．ゲイン誤差なら可変抵抗などで補正できます．

　図2(a) の-10〜0V区間では，CMR は非直線的に低下しています．この場合，**図2(b)** の-10〜0V区間のように V_{OS} の変化も非直線的です．この非直線的な変化は，ボルテージ・フォロワの非直線性の原因となります．こうした傾向はOPアンプの入力段の設計に依存し，古い設計だと非直線性が大きい傾向があり

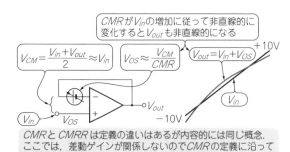

CMR が V_{in} の増加に従って非直線的に変化すると V_{out} も非直線的になる

$$V_{CM} = \frac{V_{in} + V_{out}}{2} \approx V_{in} \qquad V_{OS} \approx \frac{V_{CM}}{CMR} \qquad V_{out} = V_{in} + V_{OS}$$

$+10V$

$-10V$

CMR と $CMRR$ は定義の違いはあるが内容的には同じ概念．ここでは，差動ゲインが関係しないので CMR の定義に沿って解説する

図1　ボルテージ・フォロワで使うOPアンプは入力オフセット変動が入出力の誤差要因になる
ボルテージ・フォロワでは，コモン・モード電圧 V_{CM} は入力電圧 V_{in} と等しい．コモン・モード電圧 V_{CM} に対して同相モード除去比 CMR が非直線に変化すると，オフセット電圧 V_{OS} が非直線に変化し，補正不可能な誤差になる

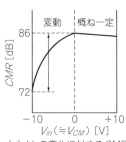
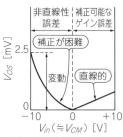

(a) V_{in} の変化に対する CMR

(b) CMR から V_{in} の変化による V_{OS} の変化が求まる

図2　コモン・モード除去比 CMR がコモン・モード電圧 V_{CM} に対して非線形に変化するとオフセット電圧に非直線性が現れる
CMR が有限でも一定なら V_{OS} の変化は V_{OS} の直線的な変化になり，補正できる．(a)の区間-10〜0Vのように CMR が非線形に変化すると，V_{OS} が変動して非直線性誤差になる．アナログ的補正は難しい

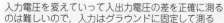

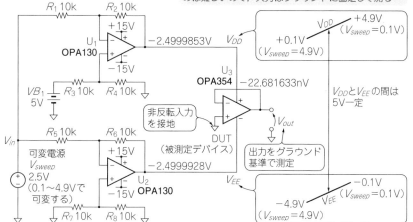

入力電圧を変えていって入出力電圧の差を正確に測るのは難しいので，入力はグラウンドに固定して測る

図3 コモン・モード電圧を変えてオフセット電圧を測る方法（CMOS入力OPアンプの場合）
差動アンプを使って，測定対象OPアンプの電源を正側と負側同時にシフトする．オフセット電圧をグラウンド基準で測定できる

電気・電子
アナログ
ディジタル
製作実習
測定
回路実験
基板・雑音
RF
電源回路
放熱
センサ
高精度A-D

ます．

● **入力オフセット電圧の変化を測定する方法**

一般の実験室の設備で，ボルテージ・フォロワで使っているOPアンプのΔV_{in}とΔV_{OS}の関係を測定するのはかなり難しいです．V_{in}を0Vから10Vへ上げて，出力10V上に乗る変化幅1mVのV_{OS}の変化をディジタル・マルチメータ（以下，DMM）で読み取るには無理があります．

工夫すれば，このΔV_{OS}の変化をグラウンド基準で測定できます．それが**図3**に示す電源シフト法です．この方式のミソは，V_{in}は振らずOPアンプの非反転入力を接地しておき，電源のほうを振るところにあります．OPアンプ電源の正（V_{DD}）と負（V_{EE}）の電圧差を変えないでシフトすると，OPアンプの入力から見ればV_{in}をシフトしたのと同じ結果です．このとき，V_{OS}のシフトによるV_{out}の変化をグラウンド基準で測定できます．DMMのレンジを微小電圧（フルスケール200μVなど）に設定すると高精度に測れます．この方法ならば，実験室に置いてある可変出力電源装置とDMMで測定できます．

● **LTspiceによる電源シフト法の動作確認**

OPA354を被試験サンプル（DUT）とした**図3**のシミュレーション結果を**図4**に示します．2mVの幅でV_{OS}がジャンプしているのがグラウンド基準で検出できているのがわかります．

ちなみに，このマクロ・モデルに組み込まれたV_{OS}の精密なシフトのふるまいは特殊な例であることに留意してください．多くのマクロ・モデルは，シンプルな線形変化しか組み込んでいません．

● **実際のOPアンプによる実験**

図5にパラメータ・アナライザを使って実際のOPアンプのオフセット電圧を測定した結果を示します．パラメータ・アナライザとは，複数のD-Aコンバー

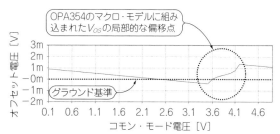

図4 2mVの幅でオフセット電圧V_{OS}が現れていることをグラウンド基準で検出できている（LTspiceによるシミュレーション）
図3の回路でOPA354を測定対象にしてコモン・モード電圧に対するオフセット電圧の変化を測定．グラウンド基準で測定できるのでV_{OS}の変化だけを増幅して見られる．OPアンプのマクロ・モデルはシンプルな線形変化しか組み込まれていないことが多いので留意する

タとA-Dコンバータのチャネルで構成されたアクティブな測定器です．**図3**の回路と同じような構成にしてDUTを測定できます．

グラフの横軸14Vと16Vの間（15V）が**図3**の0Vに相当します．30〜15Vを−15〜0V，15〜0Vを0〜15Vと読み替えてください．

図5(a)は，741型と呼ばれる古い設計の汎用OPアンプの結果です．V_{OS}のシフト形態は，**図2**と同じです．このOPアンプのV_{OS}のシフト量が25〜15V（−10〜0V相当）の間で2mVです．

このOPアンプをバッファとして，入力レンジ±10Vで16ビットA-Dコンバータの前段に配置すると，変換データに約6.6LSB（フルスケールに対して0.01％）の誤差を発生させます．真の16ビット1/2LSBに対する変換誤差はフルスケールの0.0075％なので，フルスケールの0.01％では12ビット精度でしかなりません．OPA211では，同じ範囲でのV_{OS}のシフト量が約0.2mV（0.65LSB相当）なので，16ビットA-Dコンバータのバッファとして合格です．

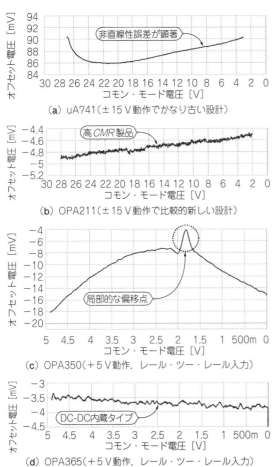

(a) uA741（±15V動作でかなり古い設計）

(b) OPA211（±15V動作で比較的新しい設計）

(c) OPA350（＋5V動作，レール・ツー・レール入力）

(d) OPA365（＋5V動作，レール・ツー・レール入力）

図5 OPアンプによって非直線性誤差が異なる（実測）
電源シフト法で測定したオフセット電圧変動．(a)は非直線性誤差が顕著である．(b)は高CMR製品．(c)は局部的な偏移点が見られる．(d)はDC-DCコンバータ内蔵のCMOS OPアンプで(c)の改良版

● **CMOS OPアンプに見られる局部的偏移点の原因**

図5(c)のOPA350では，V_{in} = 2〜1.5 Vの間で，V_{OS}の局部的偏移点が見られます．OPA350は前述のOPA354と同じように，単一電源でレール・ツー・レール入力を目指した初期段階の設計によるCMOS OPアンプです．

このV_{OS}の局部的偏移は，V_{in}の上昇に応じて動作する入力段がPチャネルMOSFET（0〜3 Vを担当）からNチャネルMOSFET（3〜5 Vを担当）へ切り替わることで発生します（図6）．両者は差動アンプ・ペアとして構成されています．PチャネルMOSFET差動対とNチャネルMOSFET差動対のオフセット電圧の差がV_{OS}の局部的偏移となります．このオフセット電圧の差は同じチップ内でもばらつきがあり，OPA2350（OPA350の2個入り）のアンプ1とアンプ2で，傾向が異なることを見て取れます．

後から開発されたOPA364/365系では入力段に昇圧DC-DCコンバータを設け，PチャネルMOSFETだけでV_{in}の全入力範囲0〜5Vをカバーします．PチャネルとNチャネルの切り替えがないので，図6(d)のように，段差は生じない特性が得られています．

OPA365のV_{OS}のシフト形状を見ると，0.5 mVの幅で直線的に降下しているのがわかります．これはV_{in}の変化によるCMRの変化がほとんどないことを示しています．このような特性であればゲイン誤差になるので，調整で対応できます．

● **高耐圧CMOSの登場とCMRの改善**

半導体の微細加工技術の発達とA-Dコンバータ設計の技術革新とで，ΔΣ型では24ビット分解能も珍しくなくなってきました．A-Dコンバータばかりが高

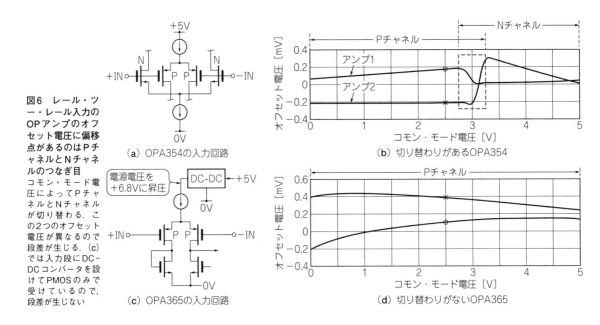

図6 レール・ツー・レール入力のOPアンプのオフセット電圧に偏移点があるのはPチャネルとNチャネルのつなぎ目
コモン・モード電圧によってPチャネルとNチャネルが切り替わる．この2つのオフセット電圧が異なるので段差が生じる．(c)では入力段にDC-DCコンバータを設けてPMOSのみで受けているので，段差が生じない

(a) OPA354の入力回路

(c) OPA365の入力回路

(b) 切り替わりがあるOPA354

(d) 切り替わりがないOPA365

精度になっても意味がなく，OPアンプの性能向上も必須です．新しいプロセス（バイポーラCMOSや高耐圧CMOSなど）が誕生したこともあり，これらを使ってOPアンプの性能を向上させています．

図7はそのような高性能OPアンプの1つ，OPA188のオフセット特性です．フルレンジのレール・ツー・レール入力をあきらめ，低電圧側だけに特化してV_{in}対CMRの特性を向上させています．-5Vから$+4$Vまで，V_{OS}は$-100\,\mu$V（このOPアンプの初期オフセット値）で一定です．データシートによればCMRは全温度範囲で120dB（最小）となっているので，24ビットの$\Delta\Sigma$型A-Dコンバータのバッファ・アンプとして使える性能です．

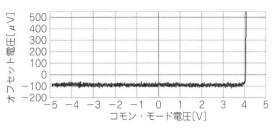

図7 完全なレール・ツー・レール入力をあきらめる代わりにオフセット電圧の変動を小さくしたOPA188のオフセット電圧
オフセット電圧は$-100\,\mu$Vからほとんど動かない．$CMRR$は最小-120dBなので，24ビット$\Delta\Sigma$型A-Dコンバータのバッファに使える精度がある

〈中村 黄三〉

（初出：「トランジスタ技術」2018年11月号）

直伝！匠の技（71）

前置アンプに望む特性と必要な仕様を把握する

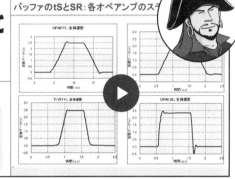

バッファのtSとSR：各オペアンプのス…

[DVDの見どころ] DVD番号：L-24〜28
- 講義 スルー・レートとセトリング時間の定義
- 実験 各種OPアンプのステップ応答結果と考察
- 講義 スルー・レートと信号ひずみの関係

〈編集部〉

■ [要点8] 応答特性を速くしたいならセトリング時間，低ひずみにしたいならスルー・レートを確認

● スルー・レートの定義

OPアンプの動作速度より格段に速いパルス波形（規定上の表現はステップ波形）を入力すると，OPアンプの出力は，自身が出せる最大速度で入力のパルス波形に応答します（図1）．これをステップ応答と呼び，自身が出せる最大速度のことをスルー・レートと呼びます．

スルー・レートの正式な定義は，単位時間[μs]あたりの上昇・下降電圧幅[V]で，両者を合わせた変化率（dV/dt）となります．測定区間の規定は，両電源OPアンプでは0V，単電源OPアンプではその電源電圧の1/2の電圧を出力が横切るところになります．

● セトリング時間の定義

波形がきれいな台形波になるなら，スルー・レートだけで応答時間が計算できるのですが，図1のように振動があります．そこで，応答時間を定義します．

入力されたステップ波形の電圧"V_{step}"に対して，OPアンプに設定した閉ループ・ゲインで決まる最終出力電圧"V_O"への到達時間をセトリング時間（記号

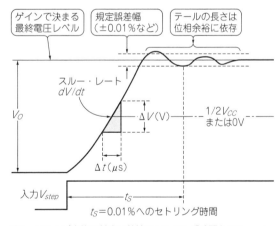

図1 ステップ応答に対する特性はセトリング時間とスルー・レートの2つがある
セトリング時間はOPアンプの位相余裕に，スルー・レートは出力トランジスタのON/OFF速度で決まる．スルー・レートが速いからといってセトリング時間が短いとは限らない

はt_S）といいます．

通常は最終電圧に対する誤差幅を規定してデータシートに記述されています．図1の例では，V_Oの値に対して±0.01％の誤差範囲内に出力の振動が収まるまでの時間です．16ビットのA-Dコンバータの前段バッファとして使用するときは，データシートに誤差

幅 ± 0.00075 %（＝ 16 ビット ± 1/2 LSB）へのセトリング時間の規定があればよいのですが，測定上の限界から，通常 0.001 % 止まりです．

● セトリング時間とスルー・レートは互いに無関係

▶ セトリング時間はOPアンプの位相余裕で決まる

　OPアンプのセトリング時間は，開ループ・ゲインが 0 dB になる周波数（記号は f_T）で位相が何度回っているかで決まります．もう少し詳しく言うと，OPアンプは負帰還をかけてゲインを設定するので，入力と出力の間には最初（0 Hz）から 180° の位相差があります．OPアンプを通過する信号周波数に比例して位相差は増大して（回ると言う），開ループ・ゲインが 0 dB になる周波数で 180° 回ると，合計 360°（正帰還）となり OP アンプは発振します．180° 回ると位相余裕は 0° です．

　位相余裕が 0° でないにしても少ないと，ステップ波形の入力に対して振動が収まるまでの時間（**図1**ではテールと記述）が伸びます．位相余裕が 90° 以上あれば振動はまったく起きません．

▶ スルー・レートはOPアンプ出力段のトランジスタのON/OFF速度で決まる

　スイッチング速度の決定要因としては，出力段トラ

ンジスタの物理的ファクタがありますが，帯域幅や開ループ・ゲインも関係してきます．

▶ OPアンプ内部の設計ではトレードオフの関係

　帯域幅で言えば，OPアンプは発振止めに内部に位相補正回路（RC による 1 次のフィルタ）を付けます．この回路の f_C を高域に移動させると，帯域幅が伸びてスルー・レートは速くなります．反対に位相余裕が減ってステップ応答ではテールが伸びます．OPアンプの内部回路設計では，ステップ応答を取るか帯域幅を取るか設計コンセプト次第です．

● A-Dコンバータ用の前置アンプのセトリング時間を専用測定器なしに実測する方法

　実験室にあるような設備でも誤差幅 ± 0.00075 % へのセトリング時間を特定できる方法があります．**図2** に示すエッジ・シフト法です．自作するのはCPLDによるタイミング・ジェネレータと，DUT（被試験サンプル）実装用のテスト基板の 2 つです．

　A-Dコンバータの評価はOPアンプに比べシンプルではないので，メーカから評価用基板が提供されています．それを入手し，変換データをロジック・アナライザで取り込み，パソコンにデータを移動します．

　最近のロジック・アナライザはOSにWindowsを採

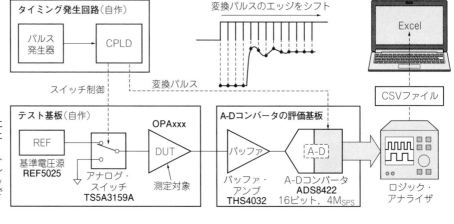

図2　特殊な測定器なしにセトリング時間を測れるエッジ・シフト法
タイミング発生回路，テスト基板のほか，高速A-Dコンバータの評価基板，ロジック・アナライザ，パソコンで構成できる

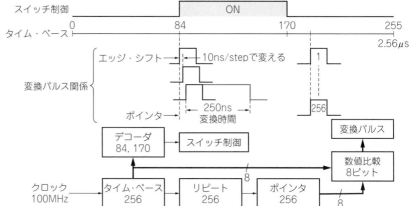

図3　OPアンプへのステップ入力とA-D変換するタイミング1回の測定では誤差が大きいので，256回測定して平均値を求める
CPLDの内部クロックを100 MHzにして1ステップを10 nsにする．タイミングを少しずつずらした信号をCPLDで作る

電気・電子

アナログ

ディジタル

製作実習

測定

回路実験

基板・雑音

ＲＦ

電源回路

放熱

センサ

高精度Ａ‐Ｄ

用しており，データをCSVファイルで取り出せます．これをUSBメモリ経由でパソコンへ移動し，Excelで処理する，という手順です．測定値が直接出るのではなく，Excelでデータを処理した結果から人間が特性を判断するので，測定ではなく「特定」としています．

▶エッジ・シフト法とは

A‐DコンバータでA‐D変換を開始するとき，変換指示のパルス信号を送信します．エッジ・シフト法とは，この変換パルスのエッジを少しずつ時間軸上でシフトさせて測っていく方法です（図3）．

OPアンプにステップ波形を与え出力電圧を測定します．このとき，A‐Dコンバータの変換指示信号を時間的に少しずつシフトしながら，何回も測定します．すると，シフト時間ごとのアナログ電圧の数値化データが取得できる，という仕掛けです．

急激に変化するOPアンプの応答特性をきれいにとらえるため，図3のシステムでは，シフトの1ステップを10ns（時間分解能）と細かくとり，同じ時間でのA‐D変換の反復を256回行い，8ビット分のSN比の向上を図っています．OPアンプへステップ波形を送るには，CPLDでテスト基板上に実装した半導体アナログ・スイッチを制御し，基準電圧ICの出力をパルス化して行っています．

以上の手順で取ったデータをExcelで処理してグラフにした波形を図4に示します．波形が滑らかなのは256回測定した平均データであるためです．

▶構築したシステムによるセトリング時間の特定

被測定対象として，スルー・レートとセトリング時間の関係が対照的なOPアンプを選んでみました（図5）．OPA374とOPA132です．

OPA374は位相余裕が約60°と大きく，OPA132は40°と安定ぎりぎりです．前述したように，位相余裕の大きいOPA374のスルー・レートは遅いのですが，その代わりテールは短くなっています．OPA132はこれとは反対で，スルー・レートは高速ですがセトリング時間は長くなっています．

このシステムではデータをExcelで処理しているので，OPアンプ出力波形のどの部分であっても，取り込んだA‐Dコンバータの16ビット分解能（125 μV）まで拡大できます（図6）．必要な精度に対するセトリング時間を正確に求められます．

波形の立ち上がり部分と直後の2.5 V付近を拡大し

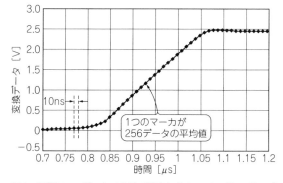

図4 実際にエッジ・シフト法で測定したOPアンプのステップ応答
測定対象（DUT）はTLV2771（テキサス・インスツルメンツ）．パルス・ジェネレータの周波数をCPLDの最大許容値100 MHzに設定し，エッジ・シフトの1ステップの間隔を10 nsとしている．各測定ポイントはそれぞれ256回のA‐D変換の平均値

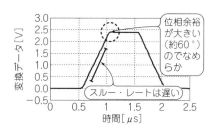

（a）スルー・レートは遅いが位相余裕が大きいOPA374

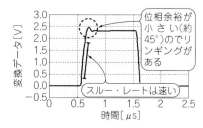

（b）スルー・レートは速くても位相余裕が小さいOPA132

図5 セトリング時間とスルー・レートの関係が対照的なOPアンプ

図6 OPA132の16ビット±1LSBへのセトリング時間は1.2 μs（実測）
Excelにより数値化したデータをグラフにしているので，波形の細かい振動まで見ることができる．1目盛りが1LSBのサイズになるよう拡大すると分析しやすい

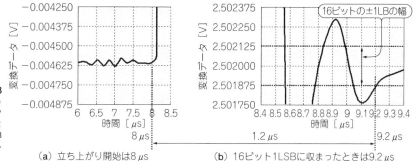

（a）立ち上がり開始は8 μs　　　（b）16ビット1LSBに収まったときは9.2 μs

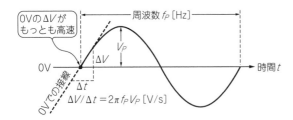

SR：スルー・レート[V/s]，
ΔV：OPアンプ出力電圧の変化量[V]，
Δt：単位時間（通常1μs）
f_P：V_Pで定まる最大信号周波数[Hz]
V_P：f_Pで定まる最大出力振幅[V_{peak}]
とすれば

$$SR = \frac{\Delta V}{\Delta t} \quad\cdots\cdots\cdots(1)$$

$$f_P = \frac{SR}{2\pi V_P} \quad\cdots\cdots\cdots(2)$$

$$V_P = \frac{SR}{2\pi f_P} \quad\cdots\cdots\cdots(3)$$

低ひずみを実現するために必要なスルー・レート（経験値）は次のとおりである

$$SR = 10 \times 2\pi f_P V_P \quad\cdots\cdots\cdots(4)$$

図7 扱いたい信号の周波数が高く，振幅が大きいほど必要なスルー・レートが大きくなる
スルー・レートは正常に扱える信号の周波数と振幅に関係する

て，目視でセトリング時間を特定します．16ビット±1LSBまでのセトリング時間は1.2μsと求められました．

● **スルー・レートからは出力電圧と帯域幅の関係を読み取る**

A-Dコンバータの前置アンプとして使うときの応答特性を考えるなら，スルー・レートよりもセトリング時間のほうが重要だとわかりました．ではスルー・レートの値からは何を読み取ればよいのでしょうか．

前述したように，スルー・レートとはOPアンプが応答できる出力の最大変化率です．これより速い入力の変化にはリアルタイムで追従できない，ということです．

信号が正弦波だとすると，その波形の中腹が最も電圧変化の速い区間です．中腹の変化に沿って引いた接線のこう配（$\Delta V/\Delta t$）に対し，OPアンプのスルー・レート（$\Delta V/\Delta t$）が寝ていると波形がひずみます（**図7**）．

式(1)でSRを算出できます．ΔVは正負電源電圧の中心付近の単位時間Δt当たりの変化量です．

式(2)は必要な最大信号周波数f_Pと採用したOPアンプのスルー・レートから再生できる信号の最大ピーク電圧V_Pを求める式です．V_Pとは，ピーク・ツー・ピーク電圧V_{P-P}の半分です．

式(3)は，必要な最大ピーク電圧V_Pがわかっているときに，どの程度の最大信号周波数f_Pが得られるかを求める式です．

図8はOPA637のスルー・レート（= 135V/μs）の

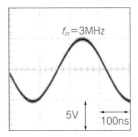
（a）出力 V_p =5Vpeak

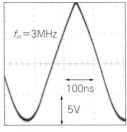
（b）出力 V_p =10Vpeak

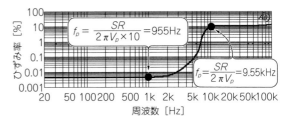

$$V_p = \frac{SR}{2\pi f_p} = \frac{135 \times 10^6 \text{V/s}}{2 \times 3.1415 \times 3\text{MHz}} = 7.162\text{V}_{peak}$$

図8 図7(b)の式(3)で計算した最大振幅を超えると，信号は大きくひずむ
3MHzの正弦波を与えたとき，スルー・レートが135V/μsのOPA637で出力できる振幅V_Pは7.162V_{peak}になる．$V_P = 10$V_{peak}では正側がひずんでいる

図9 低ひずみを求めるときは，図7(b)の式(4)で算出したスルー・レートを目安にOPアンプを選ぶ
OPA177の信号周波数とひずみ率．OPA177のスルー・レートは0.3V/μs．図7(b)の式(2)で計算したf_P＝9.55kHzと，式(4)を式(2)に代入して計算したf_P＝955Hzに対するTHDの確認実験．式(2)のf_Pではひずみ率計の限界までひずんでいる．低ひずみなのはその1/10の周波数まで

実験結果です．3MHzのとき最大振幅は7.162V_{peak}と求まりました．計算値の約2V下（5V_{peak}）では波形ひずみは見られません．約3V上（10V_{peak}）では波形ひずみが見えます．これらの結果から式(3)の正当性がわかります．

▶**低ひずみにしたいときはスルー・レートに余裕を持って選ぶ**

低ひずみを追い求めるときは，式(4)のように，式(1)で計算したスルー・レートからさらに10倍程度の余裕が必要です．

図9はOPA177のスルー・レート（= 0.3V/μs）の振幅10V_{peak}における信号周波数対THDの測定結果です．スルー・レートから式(3)で計算すると，再生可能な最大周波数f_Pは9550Hzですが，10kHz付近では$THD+N$（主にTHD）の値は測定限界の10％に達しています．これに対して，最低必要なスルー・レートの1/10の周波数955Hzだと，ひずみは約0.005％です．したがって，低ひずみを求めるときは，式(4)で算出したスルー・レートを目安にOPアンプを選べばよいでしょう． 〈中村 黄三〉

（初出：「トランジスタ技術」2018年11月号）

索 引

〈筆者一覧〉 五十音順

青木 正	加藤 大	長本 正則
池田 浩昭	小暮 裕明	並木 精司
今関 雅敬	鮫島 正裕	平谷 幸崇
梅前 尚	Takazine	深川 栄生
漆谷 正義	田口 海詩	藤田 昇
エンヤ ヒロカズ	辰岡 鉄郎	松本 良夫
大川 弘	寺田 正一	山田 一夫
岡田 芳夫	登地 功	脇澤 和夫
小川 隆博	中村 黄三	渡邊 潔

DVD-ROM付き

実験が動きだす！ 電子回路セミナ・ムービ140

編　集　トランジスタ技術SPECIAL編集部	2020年4月1日発行
発行人　寺前 裕司	© CQ出版株式会社 2020
発行所　CQ出版株式会社	（無断転載を禁じます）
〒112-8619　東京都文京区千石4-29-14	
電　話　編集 03-5395-2148	定価は裏表紙に表示してあります
広告 03-5395-2131	乱丁，落丁本はお取り替えします
販売 03-5395-2141	

編集担当者　島田 義人／平岡 志磨子
DTP・印刷・製本　三晃印刷株式会社
Printed in Japan